BusinessVillage

Patrizia Patz

ICH MACH MEIN DING

Wie du Beruf und Berufung vereinst

BusinessVillage

Impressum

Patrizia Patz
Ich mach mein Ding
Wie du Beruf und Berufung vereinst
1. Auflage 2021

Bestellnummern
ISBN 978-3-86980-599-3 (Druckausgabe)
ISBN 978-3-86980-600-6 (E-Book, PDF),
ISBN 978-3-86980-601-3 (E-Book, EPUB)

Direktbezug unter www.businessvillage.de/bl/1120

Bezugs- und Verlagsanschrift
BusinessVillage GmbH
Reinhäuser Landstraße 22
37083 Göttingen
Telefon: +49 (0)5 51 20 99–1 00
E–Mail: info@businessvillage.de
Web: www.businessvillage.de

Layout und Satz
Sabine Kempke

Autorenfoto
Picturepeople GmbH & Co. KG München, www.picturepeople.de

Druck und Bindung
www.booksfactory.de

Inhalt

Über die Autorin

Patrizia Patz ist die evolutionäre Krustensprengerin. Als Profi-Trainerin und Coach begleitet sie seit 2002 ihre Kunden über die Grenzen ihrer Konditionierung hinaus zu mehr Möglichkeiten und authentischer Lebendigkeit. Privatpersonen unterstützt sie dabei, ursprünglich angelegte Potenziale freizusetzen und im eigenen Leben nutzbar zu machen. Organisationen und Unternehmen hilft sie mit ihrer Erfahrung und einem Werkzeugkoffer voll ungewöhnlicher Soft Skills dabei, neue Formen der Zusammenarbeit jenseits der bekannten hierarchischen Strukturen zu entdecken und das Thema »New Work« individuell und alltagstauglich umzusetzen. Mit ihrem ungewöhnlichen Hintergrund als Diplom-Betriebswirtin und Heilpraktikerin hat sie sich in ihrer Arbeit auf die Verbindung von Emotion und Ratio spezialisiert, sodass ihre Kunden neben wirksamen Lösungen auch die Kraft ihrer Gefühle zurückgewinnen.

Kontakt
E-Mail: post@patriziapatz.de
Web: https://patriziapatz.de

Danke

In unserer Gesellschaft herrscht eine unglaubliche Angst vor dem Älterwerden. Ich finde das persönlich sehr schade, denn ich habe die Fünfziger-Marke bereits überschritten, habe kein wirkliches Vorbild fürs Älterwerden und ein Teil von mir wartet darauf, dass es so schlimm wird, wie man es uns weismachen will. Allerdings ist die tatsächliche Erfahrung, die ich mache, eine gänzlich andere. Ich werde von Tag zu Tag gelassener, ich weiß endlich, was ich kann, und habe nicht mehr den Anspruch, es jedem recht zu machen. Ich kann das Leben jetzt viel tiefer genießen als früher. Ich tue die Dinge, die mir wichtig sind, jetzt, anstatt sie auf später zu verschieben. Meine Dankbarkeit für das Leben wird täglich größer und ich verspüre den Drang, all den vergangenen, gegenwärtigen und zukünftigen Lehrern in meinem Leben ein Dankeschön auszusprechen. Ich bin so dankbar für ihre Arbeit, die mich hat wachsen lassen und mir Flügel verliehen hat, um meine Berufung in die Tat umzusetzen.

Ich möchte mich daher mit diesem Buch besonders bedanken bei ... Clinton Callahan (Possibility Management), Gurudev Singh Khalsa (Sat Nam Rasayan), Inge Kögl (Starr Fuentes Schule Europa), Dr. Thorsten Bosch (mein langjähriger Geschäftspartner und Autor von »Führung Made in Germany«), Katrin Grassmann, Stefan Grassmann und Frank Astor (Das kreative Jahr), Hermann Meyer und Team (Psychologische Astrologie), meinen Lehrern und Professoren am Zentrum für Naturheilkunde, der Fachhochschule München und dem Ostendorfer Gymnasium, meinen Trainerkollegen, meinen Klienten, Teilnehmern und Lesern meiner Bücher, meinem geliebten Ehemann, Eric, und allen meinen Expartnern, meiner Familie, meinen Freunden und Mitbewohnern auf dem Planeten Erde, meinem Körper, meiner Seele, meinem Verstand, der Natur, dem Universum und dem Leben selbst.

DANKE!

Der Weg zur Berufung ist voller Hürden ... im Kopf

Schon von klein auf brannte in mir der Traum, meine Berufung zu finden – diese eine besondere Aufgabe, die mein Beitrag zum großen Ganzen sein könnte. Allerdings hat es eine Weile gedauert, bis ich herausfand, wofür ich wirklich brannte. Ich ging brav den normalen, in unserer Gesellschaft vorgezeichneten Weg. Ich genoss dreizehn Jahre Schulbildung und trotzdem wusste ich danach nicht, wo meine Talente lagen und was ich beruflich machen könnte. In der Schule lernte ich nahezu dasselbe wie meine Mitschüler. Ich war in fast allen Fächern gut bis sehr gut – und zwar querbeet, ohne dass sich daraus für mich ein Talentschwerpunkt zeigte. Meine Abiturprüfung absolvierte ich in Mathematik, Französisch, Religion und Physik. Ich war aber auch gut in Sport, Musik und Kunst, genauso wie in Biologie und Erdkunde. Die einzigen schlechteren Noten hatte ich in den Fächern Latein und Geschichte. Heute würde man wohl von einer Scanner-Persönlichkeit sprechen (Bauer 2017). Das sind Menschen mit vielseitigen Begabungen. Das Einzige, was ich am Ende meiner Schulzeit mit Sicherheit sagen konnte, war, dass ich die Schule mochte. Ich lernte wohl gerne und leicht Neues. Abgesehen davon war ich aber ziemlich ratlos.

Also ging ich zur Berufsberatung beim Arbeitsamt und die freundliche Sachbearbeiterin fragte mich: »Na, was möchtest du denn werden?« Ich antwortete: »Hm, keine Ahnung. Vielleicht Lehrerin?« Darauf bekam ich folgende Erwiderung: »Das ist keine gute Idee! Wenn du in vier bis fünf Jahren mit deinem Studium fertig bist, werden wir voraussichtlich eine Lehrerschwemme haben, wegen der geburtenarmen Jahrgänge durch den Pillenknick. Verstehst du? Wieso machst du nicht erst mal eine Banklehre?« Aha – eine Banklehre – ist ja fast dasselbe. Sie versuchte nicht im Geringsten, herauszufinden, was ich gerne machte oder in welchen Fächern ich gut war. Ende der Achtzigerjahre war es einfach angesagt, eine Banklehre zu machen, wenn man gute Noten hatte. Ungefähr ein Viertel meiner Schulkameraden absolvierten nach der Schule eine Lehre in der Bank. Nach dieser Erfahrung mit der Berufsberatung war ich immer noch ratlos. Meine Eltern meinten: »Du bist doch so gut in Französisch und Englisch – mach doch etwas mit Fremdsprachen.« Also entschloss ich mich nach langem Hin und Her zu einem Studium der Betriebswirtschaftslehre mit Schwerpunkt Touristik. Die Entscheidung fiel nicht gerade aus Leidenschaft, aber so blieben mir noch viele Türen offen. Ich konnte weitere vier Jahre lernen und es hatte im weitesten Sinne etwas mit Fremdsprachen zu tun. Immerhin!

Irgendwann war ich dann mit meinem Studium fertig und freute mich auf meinen ersten Arbeitsplatz. Endlich etwas beitragen, wirksam werden und natürlich auch Geld verdienen. Ich ergatterte eine Festanstellung bei einem Studienreise-Veranstalter, noch bevor ich meine Prüfungsergebnisse vorliegen hatte. Mein Traumjob bei meinem Traumarbeitgeber. Zumindest dachte ich das. Leider wurde ich relativ bald eines Besseren belehrt. Ich fand ziemlich schnell heraus, dass es in unserer Arbeitswelt in erster Linie nicht darum geht, die eigene Berufung zu leben und sich gemeinsam in den Dienst von etwas Größerem zu stellen. Stattdessen geht es um Sicherheit und Status und darum, einer Rolle gemäß zu funktionieren – wie ein Rädchen im Getriebe. Ich hielt es kein Jahr aus. Ich weinte jeden Sonntag, weil ich am Montag wieder ins Gefängnis musste – so fühlte es sich zumindest für mich an. Die Angst, dass dies für die nächsten vierzig

Jahre meines Lebens so weitergehen würde, ließ mich handeln. Ich kündigte und stand nun wieder am Anfang: megatalentiert aber nicht die geringste Ahnung, was ich mit all dem Talent machen sollte. Zumindest wusste ich nach diesem Jahr, was ich auf keinen Fall wollte: einen Nine-to-five-Job in einer Festanstellung. An diesem Wendepunkt in meinem Leben machte ich mich auf zu einer Reise zu mir selbst. Ich fragte mich zum ersten Mal, was mich wirklich interessiert und was ich wirklich gerne tue. Statt weiterhin im Außen zu suchen, richtete ich den Blick das erste Mal bewusst nach innen. Ich absolvierte unterschiedliche Ausbildungen, die mich tatsächlich interessierten und mir Klarheit über mich selbst verschafften: darunter eine Heilpraktiker-Ausbildung, unterschiedliche Persönlichkeitstrainings und eine Trainerausbildung. Ich versuchte mich zunächst als Heilpraktikerin und dann als Trainerin. Als ich das erste Training gab, fühlte und wusste ich, dass ich dort genau richtig bin.

Um meinen frühen Traum von meiner Berufung zum Leben zu erwecken, musste ich zunächst aufwachen und den Mut entwickeln, den vorgezeichneten Mainstream-Weg zu verlassen. Die große Herausforderung dabei war, dass ich gar nicht wusste, dass ich im Grunde bei vollem Bewusstsein schlief. Die kraftvolle, erwachsene Frau in mir schlummerte vor sich hin und wartete darauf, endlich wachgeküsst zu werden. Es war aber kein Prinz, der mich wachküsste, sondern die intensiven transformatorischen Prozesse ins Erwachsensein, die ich auf der Reise zu mir selbst durchlaufen habe und die uns unsere gewöhnlichen Ausbildungswege nicht zur Verfügung stellen. Diese eigene Erfahrung und meine Leidenschaft für das Thema Berufung haben mich dazu gebracht, heute Menschen, die in ähnlichen Situationen sind, zu unterstützen, auch auf die Reise zu sich selbst zu gehen, ihre Berufung zu finden und ihr Ding zu machen. Es ist heute gelebter Teil meiner Berufung als Trainerin und Coach. Dabei habe ich im Laufe der Zeit die folgende Entdeckung gemacht: Menschen, die zu mir ins Berufungscoaching kommen, haben in der Regel zwei Probleme. Das erste Problem, bei dem sie Unterstützung benötigen, ist, Klarheit zu bekommen, worin ihre Berufung besteht und wie sie ihre Berufung in einem Beruf oder einer Dienstleistung ganz konkret umsetzen können.

Vielleicht suchst du ja auch schon seit Jahren nach deiner wirklichen Berufung. Aber irgendwie kommst du damit nicht weiter – du scheinst festzustecken. Du hast Bücher gewälzt und Unmengen an Fragebögen durchgearbeitet, die dich zum Reflektieren ermutigt haben – zum Beispiel darüber, was du tun würdest, wenn du eine Million Euro zur Verfügung hättest. Du hast mehrere Persönlichkeitstests und Stärkenanalysen durchgeackert – und hast dich vielleicht sogar in den Standardtexten, die dabei herauskamen, wiedererkannt. Möglicherweise hast du sogar dein Geburtshoroskop zurate gezogen oder ein Medium befragt, um endlich einen entscheidenden Hinweis darauf zu bekommen, warum du hier auf unserer Erde bist. Oder du hast Geld und Zeit dafür eingesetzt, ein Coaching oder eine Beratung in Anspruch zu nehmen, um mit externer Hilfe herauszufinden, worin deine Berufung besteht.

Es kann sogar sein, dass du durch all diese Dinge mehr Klarheit darüber erhalten hast, was deine Talente sind und was du gerne tun würdest – vielleicht sogar darüber, was ganz konkret deine Berufung sein könnte und wie du sie umsetzen kannst.

Alles prima also, oder? Wie kommt es dann, dass du immer noch den gleichen Job machst, vielleicht sogar in derselben Firma, tagein, tagaus? Vielleicht hast auch du dich schon frustriert gefragt, warum es dir einfach nicht gelingt, etwas zu ändern, deiner Berufung zu folgen und endlich dein Ding zu machen.

Dieses Phänomen begegnet mir als Berufungscoach ständig. Es ist die eigentliche Herausforderung, mit der die Menschen kämpfen, die zu mir kommen. In meinen Coachings erarbeite ich mit meinen Klienten das, wofür sie brennen und worin ihre Berufung besteht. Gemeinsam erstellen wir eine klare Vision von dem, was sie in dieser Welt wirklich bewirken möchten und aufgrund der ihnen gegebenen Talente auch in der Lage wären, zu tun. Am Ende des Coachings steht sogar ein klarer Plan, wie sie ihre Vision Schritt für Schritt umsetzen und damit Geld verdienen können. Doch trotz Klarheit und der tiefen Sehnsucht, der eigenen Herzensvision zu folgen, bleiben viele weiter in ihrem bisherigen Leben stecken, statt den einen ersten, den einen neuen Schritt zu wagen. Denn es gibt gute Gründe dafür, wie du im Verlauf der nächsten Seiten erfahren wirst.

Die Frustration über das eigene Unvermögen bei meinen Klienten, aber auch bei mir, hat mich zu der Erkenntnis geführt, dass der Weg zur Berufung über eine rein intellektuelle Beschäftigung mit dem Thema – wie ihn die meisten Bücher und Berufungscoachings angehen – oftmals nicht zum Ziel führt. Intellektuelle Reflexion mag zwar zu mehr Klarheit führen können, sie befähigt uns aber nicht, notwendige Entscheidungen zu treffen und den erkannten Weg dann auch mutig zu gehen. Die eigene Bestimmung in die Tat umzusetzen und endlich den eigenen Weg zu gehen, ist vielmehr ein sehr vielschichtiger Prozess, der eine tiefgehende Transformation der eigenen inneren Ausrichtung erfordert, um wirklich zu gelingen.

In den vielen Jahren, in denen ich als Coach Klienten auf ihrem Weg zu ihrer Berufung begleite, habe ich viel gesehen, gehört und hinterfragt. So habe ich die häufigsten Faktoren identifiziert, die uns so gerne daran hindern, unsere Sehnsucht nach einem sinnerfüllten Leben und Wirken in die Tat umzusetzen. Das hat meine Arbeit mit Klienten sehr verändert. Neben dem Berufungscoaching, das die Klarheit liefert, worin die Berufung besteht, biete ich mittlerweile auch Trainings an, in denen Menschen lernen können, all diese inneren Hürden, die uns in der Regel davon abhalten, unser Ding zu machen, auch aus dem Weg zu räumen. Denn mein Ziel ist es, Menschen auf ihren Wegen wirksam zu unterstützen. Ich möchte nicht nur, dass du deine Berufung klar erkennen kannst, sondern ich wünsche mir auch von Herzen, dass es dir gelingt, aktiv, mutig und vor allem auf eine zu dir passende Weise dein Ding zu machen. Denn genau das ist möglich.

Erfahre jetzt mehr darüber, welche inneren Hürden dich wirklich davon abhalten, deine Berufung umzusetzen, denn das verraten dir die meisten Berufsberater nicht. Erfahre, warum so viele Menschen in Bezug auf ihren Job und den Wunsch, ihre Berufung zu leben, einfach feststecken und frustriert sind. Erfahre aber vor allem, welche Möglichkeiten es gibt, das zu ändern. Denn das ist mein Anliegen. Ich möchte dir aufzeigen, wie du dir deinen Weg zu deinem ganz persönlichen, dich glücklich machenden Traumjob freimachen kannst. Neugierig? Dann lass uns loslegen!

Hürde #1

Du benutzt das Betriebssystem Überleben 10.0 statt Bestimmung 1.0

Wenn wir uns vorstellen wollen, wie wir denken und warum wir so denken, wie wir denken, dann erkläre ich das gerne so: Wir kommen auf diese Welt mit einer Art Grundprogrammierung, einem im Kopf laufenden »Betriebssystem«, dessen übergeordnetes Ziel unser physisches Überleben ist. Will ein Baby oder Kleinkind überleben, ist es auf die Fürsorge seines Umfeldes angewiesen. Wir sind in diesem Alter noch nicht in der Lage, uns selbst zu ernähren, uns selbst warm zu halten oder uns selbst zu beschützen. Deshalb sorgt ein auf Überleben programmiertes, vorinstalliertes Betriebssystem dafür, dass wir Sicherheitsstrategien und automatische Verhaltensweisen entwickeln, die garantieren sollen, dass wir als Individuum überleben. Wir passen uns in der Kindheit und frühen Jugend unbewusst so gut wie möglich den gegebenen Umständen an und lernen Schritt für Schritt, alles zu vermeiden, was unser Überleben gefährden könnte. Diese Umstände sind hauptsächlich geprägt von dem, was uns in unserer Familie und in der Kultur, in der wir aufwachsen, präsentiert wird. So prägt sich früh unsere Art zu denken, unser Weltbild und die Art und Weise, wie wir die Realität wahrnehmen und darauf reagieren. Es entsteht eine Art unbewusste familiäre und kulturelle Konditionierung, die mitbestimmt und festlegt, was uns möglich erscheint und was nicht.

Unsere frühkindliche Prägung wirkt wie ein im Hintergrund laufendes Betriebssystem

Dieses Betriebssystem hat unterschiedliche uns bekannte Namen: Weltanschauung, Mindset, Ego, Persönlichkeit, Charakter, Mentalität, Konditionierung oder Prägung. Im Possibility Management, eine der verschiedenen Methodiken, die ich in meinen Trainings und Coaching benutze, nennen wir es auch kurz: die Box (Callahan 2016)! Possibility Management wurde in den Siebzigerjahren von Clinton Callahan, früher Physiker, später Trainer, Coach und Autor, ins Leben gerufen und ständig weiterentwickelt. Es handelt sich dabei um innovative Soft Skills, Fertigkeiten und Unterscheidungen, die dich in die Lage versetzen, dein Potenzial freizulegen und dadurch neue, ungewöhnliche Möglichkeiten für dich selbst und dein Umfeld zu erschaffen. Daneben enthält es zudem Aspekte von unterschiedlichen bekannten Forschern auf dem Gebiet der Gefühle, der Selbstentfaltung und der Psychologie, wie beispielsweise der Transaktionsanalyse von Eric Berne. Im Possibility Management geht es genau um das oben erwähnte Betriebssystem, die Box, und wie wir darüber hinauswachsen können. Aber zurück zum eigentlichen Thema – zu unserer Box.

Deine Box funktioniert wie ein gigantischer Filter, der alles, was du wahrnimmst oder ausdrückst, durchsiebt und editiert – im Grunde wie die Firewall eines Computer-Betriebssystems. Dein Betriebssystem Überleben lässt nur das durchkommen, was dir nicht in irgendeiner Weise gefährlich werden könnte. Die Firewall deines Betriebssystems ist in diesem Modus standardmäßig auf die höchste Sicherheitsstufe eingestellt und deine Prägun-

Die Box –
der Wahrnehmungsfilter unserer Konditionierung

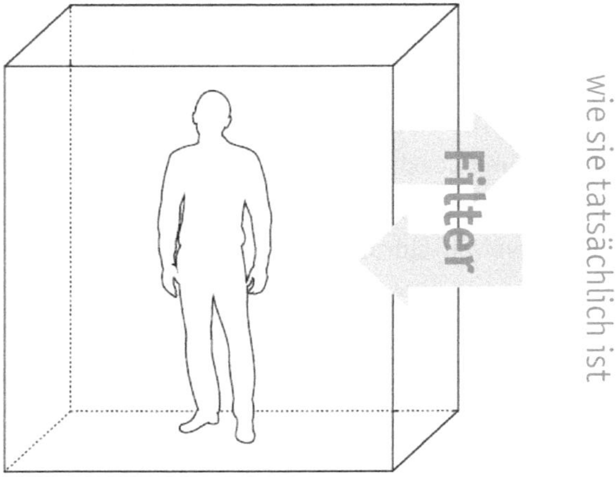

gen bestimmen, was als gefährlich eingestuft wird und was nicht. Deine Box besteht also aus Glaubenssätzen, Haltungen, Meinungen, Regeln und Normen, kulturellen Prägungen, Erziehung, Annahmen, Entscheidungen, Erfahrungen, Gründen, Vorstellungen, Ideen, Traditionen, Geschichten über Umstände, Erwartungen, Schlussfolgerungen und so weiter. All das formt und programmiert deine Box. Und wenn du dich vollständig mit ihr identifizierst – und das tun die meisten Menschen –, dann hindert sie dich in der Regel daran, dein volles Potenzial zu entfalten. Dann hast du beispielsweise wiederkehrende Konflikte mit Personen, regst dich über bestimmte Dinge auf, tust andere Dinge wiederum nicht, weil sie außerhalb deiner Box liegen. Oder du findest keine innovativen Lösungen, weil du sie überhaupt nicht wahrnehmen kannst, denn deine Firewall lässt sie nicht zu dir durchdringen.

Wenn du in einer westlichen, sogenannten modernen Kultur aufgewachsen bist, dann wurdest du mit hoher Wahrscheinlichkeit von Kindheit an auf Sicherheit konditioniert. Du hast erlebt, wie deine Eltern – oder zumindest ein Elternteil – jeden Morgen diszipliniert zur Arbeit gegangen sind und am Abend wieder nach Hause kamen. Ab einem gewissen Alter hast du dann deine Vormittage und vielleicht auch deine Nachmittage im Kindergarten verbracht. Das war wichtig, denn so konnte auch deine Mama oder dein Papa wieder arbeiten gehen. Du hast außerdem mitbekommen, dass Arbeit hauptsächlich dem Broterwerb dient, damit die Familie überlebt. Dann kam die Schule und hat dir beigebracht, stundenlang still zu sitzen, brav zu sein und einer äußeren Autorität, namens Lehrer, zu folgen. Auf dem Lehrplan stand das, was in deiner Kultur in deiner Jugendzeit als lernenswert galt. Mit individuellen Begabungen oder deinen Talenten hatte das wenig zu tun – die zeigten sich vielleicht darin, dass du in manchen Fächern bessere Noten hattest als in anderen. Irgendwann in deiner Schullaufbahn gab es dann vielleicht sogar einmal die Möglichkeit, bestimmte Fächer oder einen bestimmten Fächerschwerpunkt wie Sprachen, Naturwissenschaften oder wirtschaftsnahe Fächer zu wählen. Vielleicht kam das sogar deinen Talenten und Interessen entgegen. Aber das war auch schon alles, was Schule an Individualität im Sinne persönlicher Entfaltung zuließ. Von deinen Eltern hast du zudem wahrscheinlich immer wieder so etwas zu hören bekommen, wie: »Sei fleißig und lerne was! Dann hast du später bessere Chancen auf einen guten Job!« Mit einem guten Job meinten sie natürlich einen gut bezahlten, sicheren Job, der idealerweise auch noch mit einem hohen gesellschaftlichen Ansehen verbunden war. Und falls deine Eltern nicht zufällig selbstständig, Unternehmer oder einfach finanziell vermögend waren, hast du wahrscheinlich gelernt, dass die sicherste Art zu überleben in einem festen Anstellungsverhältnis mit Kranken-, Renten- und Arbeitslosenversicherung besteht – Urlaubs- und Weihnachtsgeld nicht zu vergessen. Vielleicht hast du auch erlebt, wie deine Eltern sich Monat für Monat und Jahr für Jahr abgerackert haben, um den Kredit für das Haus und den jährlichen Urlaub zu bezahlen. Dass sie Versicherungen abgeschlossen haben, um für den Notfall gewappnet zu sein. Für dieses Gefühl von Sicherheit haben sie viel von ihrer Freizeit, Freiheit und ihrer Lebensfreude geopfert. Selbst wenn deine Eltern reich waren, dann hast du eben gelernt, dass man Geld haben muss, um sich all die schönen Dinge und ein luxuriöses Leben leisten zu können. Und dazu braucht man eben auch den richtigen Job oder die richtige Geschäftsidee.

Das ist die Geschichte über Arbeit, die wir in unserer Kultur von klein auf lernen und unbewusst für wahr halten. Wir hinterfragen diese Geschichte auch nicht, denn sie ist Teil der allseits gelebten Normalität. In dieser Geschichte sind Arbeit und Leben voneinander getrennt. Wahrscheinlich kennst du die Frage: »Arbeitest du, um zu leben, oder lebst du, um zu arbeiten?« Dabei wird in unserer Kultur ganz klar Zweiteres als negativ angesehen, weshalb wir normalerweise gerne der Aussage »Wir arbeiten, um zu leben« zustimmen. Das ist okay, doch die Sache hat einen Haken. Wir merken gar nicht, dass wir mit dieser Festlegung eine Entscheidung treffen, die eine größere Tragweite hat, als wir vielleicht möchten. Denn implizit treffen wir damit zusätzlich automatisch weitere drei Grundannahmen, die unser Leben enorm limitieren. Wir legen für uns – ohne es bewusst auszusprechen – auch die folgenden Dinge fest:

Annahme #1 Arbeit und Leben sind voneinander getrennt und unvereinbar

Wenn du arbeitest, um zu leben, werden Arbeit und Leben voneinander getrennt und zu unvereinbaren Gegensätzen deklariert. Leben kann dann nur außerhalb der Arbeit stattfinden – was schwierig ist, denn in der Regel verbringen wir die meiste Zeit mit beziehungsweise in der Arbeit. Echtes Leben wird dann auf die Freizeit, den Urlaub und auf die Rentenzeit verschoben. Das Dumme ist nur, dass wir in der Freizeit meist viel zu müde sind, um in vollen Zügen zu leben. Wenn wir dann irgendwann in Rente gehen, ist ein Großteil unserer Lebenszeit unwiederbringlich vorbei.

Annahme #2 Arbeit wird ein »Mittel zum Zweck«

Wenn du arbeitest, um zu leben, wird Arbeit zum reinen »Mittel zum Zweck« degradiert. Da geht es nicht um Freude, Inspiration oder Bestimmung, sondern rein darum, dass die Arbeit das Leben finanziert, und je besser sie das tut, also je besser sie bezahlt wird, desto höherwertiger wird die Arbeit angesehen. Als Mittel zum Zweck wird Arbeit dann schnell auch zur lästigen Pflicht – zu einem Muss. Das Wort Arbeit hatte ja auch die ursprüngliche Bedeutung von »Mühsal, Plage«. Die Montag-Morgen-Depression und die Freitag-Nachmittag-Euphorie sind typische gesellschaftliche Ausprägungen dieser Geschichte. Wenn du an einem Freitagnachmittag Radio hörst, wirst du diesen Glaubenssatz in unterschiedlichsten Varianten aufgetischt bekommen: »Haltet durch, liebe Hörer! Bald ist Feierabend, und wir haben es endlich geschafft!«

Annahme #3 »Geld verdienen« wird zur Lebensvoraussetzung erhoben

Wenn du arbeitest, um zu leben, deklarierst du das Geldverdienen zu einer existenziellen Grundvoraussetzung. Die sich ergebende Logik lautet: Ohne Geld kein Leben! Solange du diese Geschichte für wahr hältst und in dir trägst, wird dein Leben von dem Wunsch nach Sicherheit durch Geld dominiert. Geldverdienen wird zur höchsten Priorität – denn schließlich wollen wir ja leben. Dies ist allerdings keine Lebensstrategie, sondern eine Überlebensstrategie. Unbewusst wird Leben mit Überleben gleichgesetzt. Doch zumindest für die meisten Länder in Europa gilt das seit Generationen nicht mehr. Der Sozialstaat sichert dem Individuum das Überleben. Der unbewusste emotionale Trigger ist aber für dich ein anderer. Du glaubst, du musst arbeiten, sonst ist dein Leben bedroht und handelst entsprechend.

Sicherheitsorientierung versus Bestimmungsorientierung

Wenn du diese unbewusste Konditionierung in dir trägst, sitzt du in Bezug auf deine Berufung in der Falle. Du wirst deine Berufung dann wahrscheinlich weder finden noch leben können. Deine Box, die noch immer auf Überleben 10.0 eingestellt ist, würde es nicht zulassen. Solange du in Bezug auf Arbeiten im Überlebensmodus tickst, wirst du das tun, was die meisten Menschen tun: Das eigene Handeln ist geprägt von einer starken Sicherheitsorientierung. Bei existenziellen Dingen ist das schließlich das Beste, was du tun kannst. Dein unbewusster emotionaler Fokus auf Überleben wird dir kein wirklich aktives Leben im Sinne deiner Bestimmung erlauben. Denn dazu wäre eine andere Geschichte mit anderen Grundannahmen als Denkrahmen notwendig, die es dir ermöglicht, deine innere Ausrichtung weg von der Sicherheitsorientierung hin zu einer Bestimmungs- oder Sinnorientierung zu verlagern! Deine Priorität weg vom Überleben hin zum aktiven Leben. Diese neue Geschichte oder Perspektive betrachtet Arbeit nicht mehr sicherheitsorientiert, sondern bestimmungsorientiert. Dadurch bekommt Arbeit eine andere Bedeutung und deine Möglichkeiten erweitern sich in einem ungeahnten Ausmaß.

Arbeit

Sicherheitsorientierte Betrachtung	Bestimmungsorientierte Betrachtung
Arbeiten und Leben finden getrennt voneinander statt	Arbeit ist ein Teil des Lebens
Priorität: Sicherheit durch Geld (= Arbeiten, um zu leben)	Priorität: Berufung folgen, Sinnhaftigkeit erleben
Karriere machen	Etwas Größerem dienen als sich selbst
Anerkennung bekommen	Talente zur Verfügung stellen
Überleben	Sein / Leben
Seine Pflicht tun	Einen Beitrag für die Gemeinschaft leisten
Arbeitnehmer/abhängig sein	Selbstverantwortlich sein, auch als Arbeitnehmer
Gehorchen, Regeln befolgen	Eigene Autorität entwickeln
Zeit teilt sich auf in Arbeitszeit und Freizeit	Es gibt nur Lebenszeit: 7 Tage/ 24 Stunden
Ich brauche Urlaub, um mich vom Stress zu erholen	Ich mache bewusste Pausen
Angst vor Arbeitslosigkeit	Arbeitslosigkeit ist eine Illusion – ich stelle meine Talente zur Verfügung – egal ob ich gerade Geld dafür bekomme oder nicht
Ich muss mich anpassen, um für Arbeitgeber attraktiv zu sein	Ich lebe entsprechend meiner eigenen Wahrheit
Ist mühsam und anstrengend	Macht Freude und ist anspruchsvoll
Motivation: Bezahlung, vermeintliche Sicherheit	Motivation: Inspiration, Begeisterung

Gehen wir noch einmal zurück zu der Frage: »Arbeitest du, um zu leben, oder lebst du, um zu arbeiten?« Mit einer bestimmungsorientierten Betrachtung von Arbeit ist diese Frage hinfällig. Dann würdest du nämlich weder arbeiten, um zu leben, noch würdest du leben, um zu arbeiten, sondern du wärest einfach deine Berufung in Aktion – jederzeit –, egal ob du gerade Geld dafür bekommst oder nicht. Geldverdienen wird nicht mehr als Überlebensfrage definiert und liegt damit auch nicht mehr im Zentrum deines Universums, auf das sich all deine Bemühungen konzentrieren. Geldverdienen ist dann einfach nur noch ein Faktor unter vielen anderen, die um dein Zentrum des Daseins kreisen. Im Zentrum würde nämlich deine Bestimmung, Berufung, Passion, dein Ding – oder wie auch immer du es nennen möchtest – liegen. Das wäre dann der Motor deines Lebens, der Grund, warum du jeden Morgen aufstehst, auf den deine Aufmerksamkeit und deine Bemühungen ausgerichtet sind und der dich nährt und erfüllt – wie die Sonne im Zentrum eines Planetensystems.

Doch wie geht das? Wie kann ich von einem Überlebensprogramm, das ich als Baby mit auf den Weg bekommen habe, zu einem Menschen werden, der bereit ist, maximale Sicherheit aufzugeben, um der eigenen Bestimmung zu folgen? Wie kannst du zu dem werden, der du sein könntest, wenn sich das nur nicht so wahnsinnig gefährlich anfühlen würde? Wie wäre es damit, wirklich erwachsen zu werden? Das meine ich tatsächlich ernst, denn grundsätzlich sind wir dazu entworfen, im Alter von ungefähr fünfzehn Jahren, also während der Pubertät, einen Austausch unseres Betriebssystems im Kopf vorzunehmen – auch wenn dir das so schwierig erscheint, wie die guten Vorsätze zum

sicherheitsorientiert

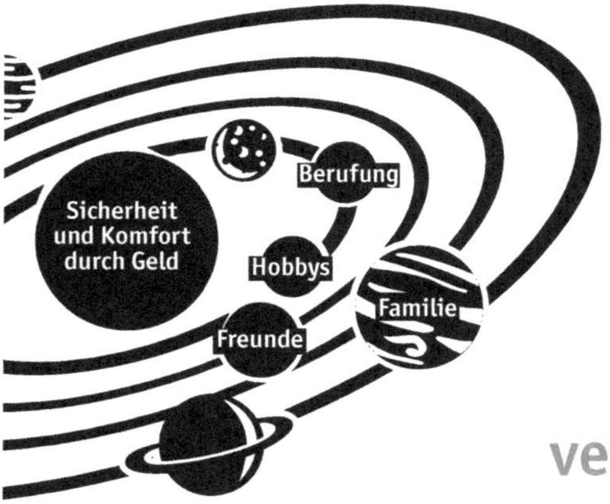

versus

bestimmungsorientiert

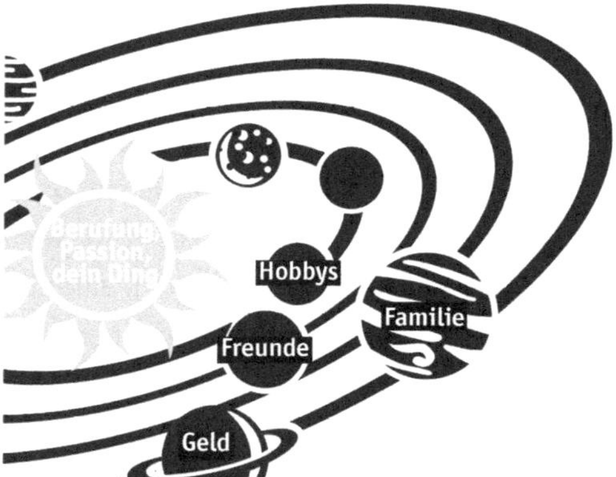

Jahreswechsel umzusetzen. Die nüchterne Wahrheit über unser Leben ist, dass wir unser Denken, das Funktionieren unserer Box im Kopf ändern können. Der Modus unserer Box kann sich von defensiv hin zu expansiv ändern. Du bist also in der Lage, das alte System Überleben gegen das Betriebssystem Bestimmung 1.0 auszutauschen. Doch wenn ich nach links und rechts schaue, dann sehe ich ganz viele Menschen, die immer noch im defensiven Box-Modus leben. Ich selbst habe als Jugendliche auch nie bewusst dafür gesorgt, meine kindliche Überlebensprogrammierung abzustreifen und die Selbstbestimmung über mein Leben zu übernehmen. Ich ging zur Schule, war nett und angepasst, dann war ich damit fertig und dann machte ich das, was mein Umfeld mir vorgeschlagen hat. Vordergründig habe ich natürlich mein Leben als Erwachsene gelebt. Meine kindliche Überlebensprogrammierung war mir nämlich überhaupt nicht bewusst. Zum Glück habe ich später dann doch noch die Kurve gekriegt. Da war ich allerdings auch schon fast dreißig Jahre alt.

Meine persönliche Theorie ist, dass der Umstand, dass wir in unserer kindlichen Sicherheitsprogrammierung stecken bleiben, zum Großteil in unserer Kultur begründet liegt. Es gibt in den modernen westlichen Industrie- und Wissensgesellschaften noch keine geeigneten Initiationsprozesse, um sicher und bewusst den Schritt vom unverantwortlichen Jugendlichen hin zum verantwortlichen Erwachsenen zu gehen. Das legen zumindest Untersuchungen von Anthropologen nahe. Sie haben herausgefunden, dass in vielen indigenen Kulturen es auch heute noch einen rituellen Übertritt ins Erwachsensein gibt, bei denen die Jugendlichen auf bewusste Weise ihr Leben aufs Spiel setzen müssen, um in der Gemeinschaft in die Gruppe der Erwachsenen aufgenommen zu werden. Sie verbringen zum Beispiel eine Woche allein in der Wildnis, ohne Essen oder zusätzliche Kleidung dabeizuhaben. Sie machen die neue prägende Erfahrung, wie es ist, als Erwachsener – also ohne Hilfe der Eltern – mit dem Tod als ständigem und natürlichem Begleiter des Lebens aktiv zu agieren. Wenn sie es schaffen und zurück in ihr Dorf kommen, werden sie gefragt, welchen Beitrag sie zum großen Ganzen leisten wollen – und werden dann als Erwachsene in die Dorfgemeinschaft aufgenommen. Durch die reale Erfahrung, dass das Leben unweigerlich mit dem Tod verbunden ist und sie es dennoch meistern können, tauschen sie quasi ihr Betriebssystem im Kopf aus. Sie akzeptieren den Tod als einen notwendigen Teil des Lebens und wechseln vom defensiven Überlebensmodus, in dem Sicherheit das höchste Ziel ist, in einen aktiven und expansiven Lebensmodus, der sich an ihrer Berufung orientiert.

In unserer modernen westlichen Kultur bleibt uns diese Erfahrung vorenthalten. Diese Art der Umprogrammierung wird uns leider nicht mehr als selbstverständlicher Teil des Erwachsenwerdens zur Verfügung gestellt. Alle Übergangsrituale, die es in unseren Breitengraden in ferner Vergangenheit einmal gegeben hat, wurden durch religiöse, christliche Rituale, wie Firmung oder Konfirmation, ersetzt. Mit Erwachsenwerden und damit in die eigene Kraft zu kommen, haben diese Rituale aber leider nur wenig zu tun. Also laufen wir weiter unter Überleben und installieren brav die aktuellen Updates unseres kindlichen Betriebssystems.

Das Problem dabei ist nur, dass unter diesem Betriebssystem nur systemkompatible Programme laufen. Das Programm »Die eigene Berufung leben« ist nicht kompatibel mit dem Betriebssystem Überleben, egal wie aktuell die installierte Version auch sein mag. Es läuft einfach nicht auf diesem Betriebssystem. Um dieses Programm nutzen zu können, ist es notwendig, zuerst das eigene Betriebssystem komplett zu wechseln. Davor scheuen wir uns in der Regel. Jeder, der schon einmal mit dem Gedanken gespielt hat, von Windows auf macOS zu wechseln oder umgekehrt, kennt diese Angst. Da bleiben wir oft lieber beim bekannten System, auch wenn es unsere Möglichkeiten einschränkt. Wir wissen wenigstens, dass und wie es funktioniert, denn wir haben überlebt.

Das Geheimnis

Es geht nicht darum, aus der Box auszubrechen oder sie zu zerstören – das wäre gar nicht möglich –, denn wir brauchen ein Betriebssystem. Es geht um Bewusstwerdung und darum, Schritt für Schritt den Betriebsmodus deiner Box von defensiv (sicherheitsorientiert) auf expansiv (bestimmungsorientiert) zu verändern – also dein Betriebssystem von Überleben 10.0 auf Bestimmung 1.0 umzustellen. Das wichtigste Geheimnis dabei ist, dass die Umstellung auf Bestimmung 1.0 keinen Verlust an Sicherheiten bedeuten muss. Der Gegensatz, entweder sicher zu sein oder die eigene Bestimmung zu verfolgen, ist einfach eine falsche Annahme. Wenn du dich auf den Weg zu einem Leben gemäß deiner Bestimmung machst, dann schaltest du nicht von null Prozent auf hundert Prozent Lebensrisiko, sondern du legst zu dir passende Sicherheitsstufen fest. Stell dir das genauso vor wie bei einem Computer: Bestimmung 1.0 hat eine Firewall, bei der du das Sicherheitslevel selbst einstellen und verändern kannst. Dadurch kann deine Box sich erweitern, sodass sie automatisch mehr Möglichkeiten beinhaltet. Eine erweiterte Box heißt mehr Möglichkeiten, aber eben nicht zum Preis eines komplett unkalkulierbaren Lebens.

Beim Erweitern deiner Box gibt es nämlich unterschiedliche Zonen oder Bereiche. Der Bereich innerhalb deiner Box – also der dir bekannte und gewohnte Bereich deines alltäglichen Lebens – entspricht deiner Komfortzone. Hier kennst du dich aus, du weißt, wie hier alles funktioniert, hier fühlst du dich sicher, selbst wenn einige oder sogar viele Aspekte in deiner Komfortzone dich langsam nerven oder zum Problem werden. Hier verändert sich aber auch nichts – du hast nur Zugang zu den begrenzten Möglichkeiten, die innerhalb deiner Box sichtbar und erreichbar sind. Wenn du etwas verändern möchtest, musst du einen Schritt aus deiner Komfortzone heraus machen. Direkt außerhalb deiner Box, also hinter der Komfortzone, fängt die sogenannte Lernzone an. In der Lernzone machst du neue Erfahrungen außerhalb des gewohnten Rahmens, die aber für dich machbar sind. Es handelt sich einfach um die nächsten für dich möglichen Schritte – man könnte sagen Babyschritte. Diese Schritte sind herausfordernd, weil sie neu und unbequem sind, aber sie sind nicht überfordernd. Box-Erweiterung und Umprogrammierung deines Betriebssystems funktioniert in der Weise, dass du Schritt für Schritt neue Erfahrungen innerhalb deiner Lernzone machst. In der Lernzone ist die Wahrscheinlichkeit nämlich groß, dass diese neuen Erfahrungen zu ersten Erfolgserlebnissen führen. Diese Erfolgserlebnisse wiederum motivieren dich darin, nächste Schritte in deiner Lernzone zu machen. So erweiterst du Schrittchen für Schrittchen deine Box, ohne ein zu großes, dich überforderndes Risiko einzugehen.

Es gibt aber noch eine dritte Zone, nämlich die sogenannte Risikozone. Die Risikozone fängt direkt hinter der Lernzone an. Wenn du bei deiner Box-Erweiterung zu große Schritte machst und quasi die Lernzone überspringst, dann kommst du in die Risikozone. Du überforderst dich, gerätst dadurch vielleicht in Panik, und so ist die Wahrscheinlichkeit groß, dass du dich ganz schnell wieder in deine Komfortzone zurückziehst. Wenn du zu große Schritte machst, kann es eben auch sein, dass Erfolgserlebnisse ausbleiben oder du sogar Misserfolge erzielst – und du dies dann als Beweis wertest, dass es viel besser ist, in der Komfortzone zu bleiben, statt neue Erfahrungen zu machen. Im schlimmsten Falle wirst du danach weitere Lernschritte vermeiden. Es geht also nicht darum, dein Leben von heute auf morgen komplett umzukrempeln, sondern in deinem Tempo Schritt für Schritt dein Betriebssystem umzuprogrammieren.

Ein weiter verborgener Aspekt ist folgender: Es gibt einen Unterschied zwischen dir und deiner Box. Du hast eine Box, aber du bist nicht deine Box. Wenn du diese Unterscheidung verinnerlichst und aufhörst, dich mit deiner Box zu identifizieren, bist du in der Lage, einen kleinen Spalt zwischen dir und deinen automatischen Reaktionen zu machen. Anstatt dich mit deiner Box zu identifizieren und unbewusst gemäß deiner Box zu reagieren, kannst du innehalten und bewusst auf Entdeckungsreise gehen. Du kannst anfangen, dich in deinen Aktionen und Reaktionen

Die drei Zonen –
Komfortzone – Lernzone –Risikozone

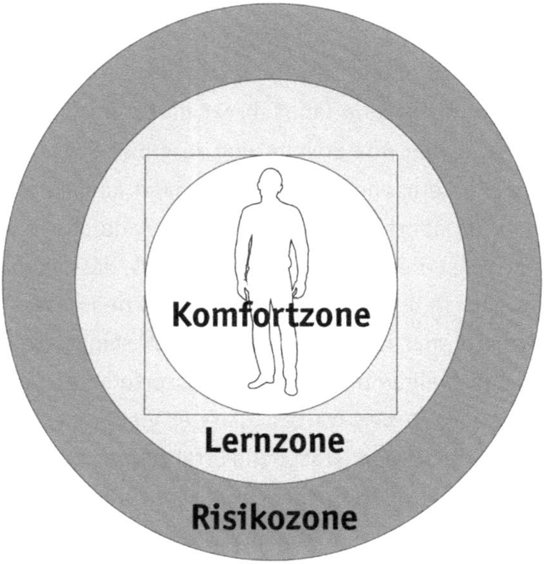

zu beobachten: Wann ist deine Box, also dein Überlebensprogramm, am Werk und wann du selbst? So erhältst du eine Wahl, die du vorher nicht hattest. Du bekommst die Wahl, andere Dinge zu tun oder die Dinge anders zu tun, als du es gewohnt bist, und machst dadurch neue Erfahrungen und erweiterst deine Möglichkeiten.

Das Tolle ist, wenn du dich für den Umstieg von Überleben 10.0 auf Bestimmung 1.0 entscheidest, kannst du die alten Überlebensprogramme trotzdem noch weiter nutzen. Allerdings zeigt die Erfahrung, dass die neu zugänglichen Programme, die auf Bestimmung 1.0 laufen, viel interessanter sind und viel mehr Spaß machen als die alten Überlebensprogramme – und du dann freiwillig aufhörst, diese zu benutzen.

So machst du dir den Weg frei!

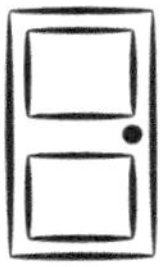

Du installierst das Betriebssystem Bestimmung 1.0, indem du deine versteckten familiären und kulturellen Prägungen identifizierst und dir deiner Konditionierung auf Sicherheit bewusst wirst. Du verinnerlichst, dass du zwar eine Box hast, aber nicht deine Box bist. Du übst dich darin, einen Spalt zwischen dir und deiner Box zu machen, indem du deine Reaktionen beobachtest und eine bewusste Wahl triffst. Dadurch transformierst du deine innere Ausrichtung von der Sicherheitsorientierung zur Bestimmungs- oder Sinnorientierung. Die Anwendung »Die eigene Berufung leben« wird dann für dich zugänglich.

Mind-Changer-Fragen

Welches Betriebssystem im Kopf nutzt du?

Sind Arbeit und Leben für dich noch voneinander getrennt? Arbeitest du noch, um zu leben?

Wodurch wird dein persönliches Universum angetrieben, was ist dein Motor – der Wunsch nach Sicherheit und Komfort oder deine Leidenschaft und Begeisterung für dein Ding?

Welche Möglichkeiten lässt dich deine Box (dein automatisches Überlebensprogramm) nicht wahrnehmen?

Was erscheint dir in Bezug auf deine Berufung noch unmöglich?

Hürde #2

Du glaubst deinen eigenen Geschichten

Im vorherigen Kapitel habe ich geschildert, welche Geschichte in unserer modernen, westlich orientierten Kultur gemeinhin über Arbeit erzählt wird und Gültigkeit hat und wie wir kulturell konditioniert werden, diese Geschichte zu glauben und gemäß dieser zu handeln. Kultur basiert also nicht nur auf Geschichte, sondern auch auf Geschichten – auf einem sogenannten Narrativ. Als Narrativ wird seit den 1990er-Jahren eine sinnstiftende Erzählung (Metaerzählung) bezeichnet, die Einfluss hat auf die Art, wie die Umwelt wahrgenommen wird. Es transportiert Werte und Emotionen, ist in der Regel auf einen Nationalstaat oder ein bestimmtes Kulturareal bezogen und unterliegt dem zeitlichen Wandel. Kultur ist also nichts anderes als ein Sammelsurium von Geschichten, Paradigmen und Lehrmeinungen, auf die wir uns irgendwann einmal (unbewusst) geeinigt haben und die sich im Laufe der Zeit – normalerweise relativ langsam – verändern können. In einer Kultur besteht Übereinstimmung in Bezug auf bestimmte Narrative. Was heißt das nun genau?

Nehmen wir als Beispiel eine uns allen bekannte uralte Geschichte, die über Jahrhunderte von den Menschen als unumkehrbar wahr angenommen wurde. Doch auch diese hat sich im Laufe der Zeit verändert.

In dem alten Narrativ wird die Erde als flache Scheibe dargestellt. Obwohl diese Darstellung schon längst überholt ist, kennen wir sie alle. Wir tragen sie wie ein Erbe aus längst vergangenen Zeiten in unserem kollektiven Bewusstsein. Eine Geschichte ist wie eine mentale Landkarte, die uns den Weg weist – uns sagt, was wir denken und fühlen und wie wir handeln sollten. Die Darstellung der Erde als Scheibe war über Jahrhunderte hinweg gültig.

Die Erde als Scheibe

Einerseits wussten es die Menschen (noch) nicht besser und andererseits war dieses alte Narrativ von der Welt sehr nützlich, denn es zeigte den Menschen, wo sie sicher waren und wo es gefährlich werden konnte. Es machte jedem deutlich, dass er sterben könnte, wenn er zu weit an den Rand der Erde segelt.

Jedes Narrativ, jede Geschichte besteht aus Unterscheidungen und Paradigmen, wie in diesem Fall:

- Die Erde ist eine flache Scheibe.
- Wenn wir zu weit von unserem Ursprungsort wegsegeln, könnten wir zu nah an den Rand der Scheibe kommen.
- Wenn wir zu nah an den Rand der Scheibe kommen, werden wir in den Abgrund gerissen und sterben.
- Es ist daher besser, in der Nähe seines Ursprungsortes zu bleiben.

Die Menschen in der damaligen Zeit haben die Welt durch den Filter dieser Geschichte wahrgenommen und auf diese Weise sogar jede Menge Beweise dafür gefunden, dass die Erde nur eine Scheibe sein kann. Diese Wahrnehmungen haben zu bestimmten Verhaltensweisen und Resultaten geführt. Niemand, der bei Verstand war, hat es gewagt, auf Entdeckungsreise zu gehen, da es laut der Geschichte sicherer war, in der gewohnten Umgebung zu bleiben. So sind beispielsweise kleinste Stämme und verschiedene Dialekte innerhalb weniger Kilometer Umkreis entstanden. Die vorhandenen Möglichkeiten waren durch diese Sichtweise zudem stark begrenzt.

Im weiteren Verlauf entstand dann irgendwann eine neue Geschichte – eine neue Landkarte über dieselbe Sache, weil sich einige mutige Pioniere doch auf den Weg machten, die vorhandene Sichtweise unermüdlich zu überprüfen. Sie kamen mit einer neuen Landkarte zurück – einer Landkarte, welche die Erde als Kugel darstellt.

Diese Landkarte ist uns mittlerweile wohlvertraut und unser heutiges Narrativ: Die Erde ist eine Kugel. Niemand würde dies bezweifeln. Na ja, das stimmt nicht ganz – es gibt immer noch eine Gruppe von Menschen, die an die Flat-Earth-Theorie glauben und diese vehement verteidigen. Aber wir haben mittlerweile ja auch Wege gefunden, diese Geschichte wissenschaftlich zu belegen. Durch die neue Geschichte entstanden interessanterweise automatisch neue Möglichkeiten, wie beispielsweise neue Freiheit, neue Abenteuer, neue Perspektiven, neues Wachstum, neue Kontakte, neue Erlebnisse und so weiter. Dies führte zu neuen Verhaltensweisen und Resultaten, da plötzlich klar war,

Die Erde als Kugel

dass der Mensch nicht von der Erde herunterfallen und sterben kann, wenn er über bekanntes Gebiet hinaus segelt.

Geschichten erzeugen Realität

Wenn wir die beiden Abbildungen noch einmal betrachten, ergibt sich aus dem Wechsel von der alten zur neuen Landkarte eine interessante Frage: Hat sich die Erde im Laufe der Zeit tatsächlich von der Scheibe zur Kugel entwickelt? Nein, natürlich nicht. Was sich verändert hat, ist lediglich unsere Vorstellung über die Erde. Dennoch haben wir allein durch die Veränderung unserer Sichtweise ganz automatisch neue Möglichkeiten erhalten. Wir konnten auf einmal Dinge tun, die wir vorher nicht tun konnten, weil wir sie für unmöglich hielten. So konnten wir mit der Vorstellung, die Erde sei eine Scheibe, nicht an den Rand der Scheibe gehen oder fahren. Mit der Vorstellung aber, dass die Erde eine Kugel ist, können wir genau das tun, denn es gibt keinen Rand und niemand stürzt in den Weltraum. Dadurch wird folgender Umstand deutlich: Wir Menschen sind nicht mit der Welt direkt in Beziehung, sondern über die Art und Weise, wie wir über die Welt denken. Wir interagieren auf Basis unserer Geschichten und mentalen Landkarten mit unserer Umwelt. Unsere Geschichten und Interpretationen über die Welt sind unsere wahrgenommene Realität – nicht die Welt, wie sie tatsächlich ist. Unsere Geschichten über die Welt bestimmen das Ausmaß unserer Möglichkeiten.

Wir Menschen sind also großartige Geschichtenmacher – wir sind Erfinder von Narrativen wie: Die Erde ist eine Scheibe. Leider ist uns das aber in den meisten Fällen nicht bewusst. Wir geben Umständen und Situationen, die grundsätzlich neutral sind, eine Bedeutung. Wir tendieren dazu, unseren Geschichten Glauben zu schenken – sie für wahr zu nehmen. Es kann sogar sein, dass eine erdachte Geschichte zu einer scheinbaren Realität wird. Da unsere Vorstellung (unsere Box) unsere Wahrnehmung beeinflusst, filtert und verzerrt, finden wir für jede Geschichte unzählige Beweise. Dennoch bleibt es eine Fiktion. Wir haben sowohl kulturell geprägte, kollektive, als auch persönlich geprägte, individuelle Geschichten, in denen wir leben.

»

Wir Menschen sind nicht mit der Welt direkt in Beziehung, sondern über die Art und Weise, wie wir über die Welt denken.

«

Hier ein kleines Beispiel für eine moderne kollektive Geschichte:
Es ist Montag. Zunächst einmal eine völlig neutrale Situation – Montag, einer unserer Wochentage. Punkt. Sonst nichts. Aber dabei belassen wir es nicht. Wir erfinden eine Geschichte dazu, die ungefähr so lauten könnte: *»Oh, Mann, schon wieder Montag! Montag ist echt der schlimmste Tag in der Woche! Wo ist nur das Wochenende geblieben? Ich wollte doch noch so viel unternehmen. Jede Woche das Gleiche – das Wochenende ist einfach immer viel zu kurz. Und bevor du dich versiehst, geht die Schufterei wieder los. Wie soll ich es nur durchhalten bis Freitag? Welcher Blödmann hat denn nur die Montage erfunden? Der sollte erschossen werden …«*

Tolle Geschichte! Aufregend und so nachvollziehbar. Dagegen ist *»Es ist Montag. Punkt.«* einfach langweilig. (Merkst du, wie schon bei den Worten »Es ist Montag« die komplette Geschichte dahinter in deinem Bewusstsein auftaucht? Wir müssen die Geschichte noch nicht einmal erzählen! Sie ist in unseren Zellen gespeichert.)

Auch in Bezug auf Beruf und Berufung haben wir jede Menge Geschichten in uns, die wir für bare Münze nehmen – sowohl kollektive als auch individuelle Geschichten. Hier ein paar Beispiele – die Klassiker, die ich in meiner Praxis immer wieder höre:

- »Also, ich würde ja gerne XY machen, aber damit verdient man ja kein Geld.«
- »Selbständig arbeiten ist nicht so mein Ding. Ich bin eher ein Mensch, der Sicherheit braucht.«

- »Ich brauche mindestens X Euro im Monat, um zu überleben.«
- »Ich habe einfach nicht genug Reserven, um meine Berufung zu leben. Ich muss erst finanziell auf einen grünen Zweig kommen. Aber irgendwie schaffe ich das nicht. Immer wenn ich kurz davor bin, kommt wieder eine große Ausgabe, an die ich nicht gedacht habe.«
- »Dafür geben Menschen doch kein Geld aus.«
- »Da müsste ich ja erst einmal ein Studium machen. Sonst nimmt mich da doch keiner ernst. Das dauert außerdem viel zu lange und das kann ich mir nicht leisten.«
- »Da gibt es doch schon so viele, die das machen. Da habe ich doch gar keine Chance, in den Bereich reinzukommen.«

Wie viele Berufungssuchende habe ich an diesen und anderen Geschichten schon scheitern sehen! Das Problem ist, dass uns nicht bewusst ist, dass wir selbst diese Geschichten »machen«. Wir halten diese Geschichten für wahr und treffen aufgrund dessen die Entscheidung, dass es sich nicht lohnt, weiterzumachen, da es laut der Geschichte unmöglich ist! Wir verhalten uns wie die Seefahrer im Mittelalter, die nicht an den Rand der Scheibe fahren wollten. Das war insofern ungünstig, als dadurch Amerika erst sehr spät entdeckt wurde. Doch für die Seefahrer seinerzeit war klarer als alles andere: Wer sich zu nah an den Rand der Scheibe bewegt, der wird sterben.

Welche Geschichte ist wahr?

Sehen wir uns das doch einmal etwas näher anhand einer Geschichte aus meinem eigenen Leben an. An einem wunderschönen, aber noch etwas kühlen Sonntag im März trafen mein Mann und ich uns mit einem befreundeten Ehepaar zum Wandern. Wir fuhren mit meinem Auto zum Zielort, parkten auf einem Spaziergänger-Parkplatz am Feldweg und starteten unsere Wandertour. Als wir nach zwei Stunden zurückkehrten, hing ein Zettel an meiner Windschutzscheibe. Ich ahnte Böses. Jemand hatte mein Auto beim Ausparken angefahren und der Heck-Kotflügel war zerbeult. Immerhin hatte der Verursacher den Schaden der Polizei gemeldet und seine Kontaktdaten hinterlassen.

Und schon ging das Geschichtenmachen bei mir los: »So ein Mist! Immer passiert mir so etwas! Gerade jetzt kann ich das gar nicht brauchen! So ein Blödmann – hätte der nicht besser aufpassen können? Der ganze Ärger und die ganze Arbeit, die jetzt wieder auf mich zukommen. Am Ende sagt die Polizei noch, dass wir dort gar nicht hätten parken dürfen, und dann zahlt wahrscheinlich die Versicherung nicht oder man gibt mir noch die Schuld. Und ich hatte meinem Mann doch gesagt, er solle etwas weiter vorne parken, damit die anderen Autos Platz zum Ausparken haben. Aber nein, er wollte ja nicht hören. Und jetzt haben wir den Salat. Ich bin einfach ein Unglücksrabe – was für ein Scheißtag ...«

Danach war der Tag gelaufen – der schöne Spaziergang war vergessen. Ich hatte eine richtig miese Stimmung und es fehlte mir jede Motivation für irgendetwas. Mit dieser miesen Laune bin ich dann auch meinem Mann ziemlich auf den Wecker gefallen. Ich war in meiner Geschichte über das, was passiert ist, gefangen – meine Geschichte wurde in dem Moment zu meiner Realität.

Aber es gibt einen Unterschied zwischen dem, was passiert ist, und der Geschichte, die ich in meinem Kopf daraus gemacht habe. Also, was ist passiert? Ein anderer Autofahrer hat beim Ausparken mein Auto angefahren. Dieser Mensch hat den Unfall bei der Polizei gemeldet und seine Kontaktdaten hinterlassen. Mein Auto hatte einige Kratzer und Dellen am linken Heck-Kotflügel. Das war passiert, das waren die Fakten – mehr nicht. Klingt ziemlich neutral und geradezu langweilig. So, wie: »Es ist Montag.« Alles andere, also das mit dem Mist und dass immer mir so etwas passiert und dass ich ein Unglücksrabe bin und so weiter und so fort, ist meine subjektive Interpretation, meine Geschichte, die ich aus den Fakten gesponnen habe. Wir geben neutralen Fakten eine Bedeutung – wir lassen sie nicht neutral. Wir machen eine Geschichte daraus und das passiert in der Regel unbewusst. Trotzdem hat diese Geschichte ihre Wirkung. Sie ist intensiver als die langweiligen Fakten und raubt mir gleichzeitig jegliche Energie. Es gibt nämlich Geschichten, die uns Kraft geben, und es gibt Geschichten, die uns Kraft rauben. Es gibt verantwortliche Geschichten und Opfer-Geschichten.

Die Frage ist: Ist diese Geschichte wahr? Und bitte: Die Frage ist nicht, ob die Geschichte für mich wahr ist, sondern ob diese Geschichte ganz objektiv wahr ist. Hier gibt es eine ganz klare Antwort: NEIN! Allein die Fakten zählen – also das, was passiert ist. Eine Geschichte ist und bleibt eine Geschichte – also Fiktion, subjektive Interpretation, mit der ich mir meine Realität im Kopf kreiere. Ich hätte nach unserem Spaziergang auch eine andere

Geschichte erzählen können. Oder ich hätte ebenso die Wahl gehabt, gar keine Geschichte daraus zu machen. Was hätte sich dann verändert? Wie wäre der Nachmittag dann weiter verlaufen? Wahrscheinlich hätte ich die Erinnerung an den wundervollen Spaziergang noch weiter genossen und hätte einen schönen Abend mit meinem Mann verbracht. Die Geschichte, die ich mir gemacht habe, hat das aber nicht ermöglicht. Und wenn wir einmal ganz bewusst hinschauen, trägt dafür nicht der Unfallverursacher die Verantwortung, sondern ich selbst – denn ich selbst habe mich (unbewusst) für eine Geschichte entschieden, die mir Kraft geraubt und Möglichkeiten verwehrt hat.

Die ganze Sache ging am Ende übrigens so aus, dass der Unfall innerhalb von drei Tagen problemlos und großzügig über die Versicherung geregelt wurde. So großzügig, dass ich sogar einen saftigen Gewinn aus dem Unfall ziehen konnte. Den miesen Abend hätte ich mir also sparen können, hätte ich daraus eine andere oder gar keine Geschichte für mich in meinem Kopf gemacht.

Bewusstes Geschichtenmachen ist etwas anderes als positives Denken

Werner Erhard, ein bekannter amerikanischer Trainer und Autor, sagte einmal: »It's either bullshit or nothing.« Übersetzt könnte man das folgendermaßen deuten: »Es ist entweder eine Geschichte oder es hat keine Bedeutung, es ist neutral.« Aber wir Menschen sind eben Geschichtenmacher. Wir lassen die Dinge ungern neutral. Alles und jeder wird ständig bewertet und natürlich am besten in negativer Hinsicht:

- Das Wetter IST mies.
- Ich BIN zu dick, zu dumm, zu müde, ...
- Harry IST ein Blödmann, er IST zu nichts zu gebrauchen.
- Mit seiner Berufung KANN MAN kein Geld verdienen.

Alles Geschichten – und zwar Geschichten, die Kraft rauben und Möglichkeiten verschließen. Wir deklarieren, wie etwas ist, und identifizieren uns dann mit diesen Geschichten. Wir finden dann jede Menge Beweise für jede Geschichte. Dabei könnten wir jederzeit andere Geschichten machen, nämlich Geschichten, die uns Kraft geben. Verantwortliche Geschichten, in denen wir Schöpfer und Gestalter sind, statt Opfer-Geschichten, die uns zum Opfer der Umstände und machtlos werden lassen. Wichtig ist dabei, im Bewusstsein zu halten, dass auch verantwortliche, kraftvolle Geschichten nur Geschichten sind – also Bullshit, wie Werner Erhard sagt. ABER: Sie führen automatisch zu anderen Resultaten und zu mehr Möglichkeiten (siehe Scheibenwelt und Kugelwelt).

Genau das macht auch den Unterschied zum positiven Denken aus. Beim positiven Denken erzählen wir uns eine positive Geschichte so oft und so lange, bis wir sie selbst glauben. Haha – reingefallen! Dann glauben wir nämlich wieder unseren eigenen Geschichten. Das ist zwar immer noch besser, als wenn ich an meine kraftraubenden Opfer-Geschichten glaube, aber es lässt uns immer noch zu einem Teil unbewusst unsere Realität kreieren. Positives Denken lässt uns nicht ganz in unsere Kraft kommen. Es basiert teilweise auf einer Art kindlichen Naivität im Sinne von »Alles wird gut, wenn ich nur fest daran glaube«. Wenn ich im Gegensatz dazu auf bewusste Art und Weise Geschichten mache, dann weiß ich, dass es »nur« Geschichten sind und dass ich jederzeit die Wahl habe, verantwortliche Geschichten zu machen oder auch gar keine Geschichte zu machen. Dann habe ich immer die Wahl und bleibe bewusst und in meiner Schöpferkraft. Das ist ein himmelweiter Unterschied!

Das Geheimnis

Du selbst bist der Schöpfer deiner Geschichten und damit deiner vermeintlichen Wahrheit. Geschichten sind und bleiben Geschichten – deine subjektiven Interpretationen dessen, was passiert. Das heißt, deine Geschichten haben nur bedingt etwas mit der Realität zu tun. Du kannst dich also jederzeit entscheiden, eine andere Geschichte zu erzählen. Eine Geschichte, die dir Kraft gibt und die dich nicht davon abhält, dein Ding zu machen und deine Berufung weiterzuverfolgen. Oder du kannst einfach auch gar keine Geschichte kreieren und einfach damit loslegen, dein Ding zu machen.

So machst du dir den Weg frei!

Du bist dir darüber bewusst, dass du tagtäglich Geschichten über dich, dein Leben und die Welt erfindest. Zudem machst du dir bewusst, dass deine Geschichten die Menge deiner Möglichkeiten bestimmen. Du fängst an, Verantwortung für deine Geschichten zu übernehmen. Du gehst dazu über, deine Geschichten bewusst zu kreieren und entscheidest dich für Geschichten, die dir Kraft geben und dich deiner Berufung näherbringen. Du fertigst deine persönliche »Ja, aber ...«-Liste an, mit all deinen Geschichten, Gründen und Argumenten, die dich davon abhalten, dein Ding zu machen. Du hinterfragst jeden einzelnen Eintrag: Was davon ist Fakt und was davon ist eine Geschichte. Dann findest du für jede Geschichte mindestens einen Gegenbeweis. Lass dich überraschen!

Mind-Changer-Fragen

Welche Geschichten in Bezug auf Beruf und Berufung oder über dich und deine Talente sind in dir aktiv?

Geben diese Geschichten dir Kraft oder machen sie es dir unmöglich, dein Ding zu machen?

Sind diese Geschichten wahr?

Woher weißt du das, wenn du es noch nicht probiert hast?

Wie müsstest du deine Geschichten über Berufung, über deine Talente und über dich verändern, damit du die Möglichkeit hast, nächste Schritte in Richtung deiner Berufung zu gehen?

Hürde #3

Du hast deine Gefühle noch nicht in Besitz genommen

Von der Kindheit an lernen wir, unsere Gefühle zu unterdrücken. Gefühle gelten auch in der modernen Leistungsgesellschaft noch immer als unprofessionell, launisch und störend. Insbesondere im Arbeitsleben haben Gefühle nichts zu suchen. Hier wird peinlich darauf geachtet, sich im Griff zu haben, professionell zu sein und der zugedachten Rolle entsprechend zu agieren. Wo kämen wir hin, wenn Mitarbeiter und vor allem Führungskräfte sich von ihren Gefühlen leiten ließen?

Emotionale Kompetenz wird auch von unserem Bildungssystem weitgehend ignoriert. Oder hattest du das Fach »Gefühle« in der Schule? Ich schätze, nein. Wir lernen nichts bis wenig über den gesunden Umgang mit den eigenen Gefühlen. Im Vordergrund steht das logische Denken, die Vernunft, die Ratio. Gefühle und Leidenschaft gibt es nicht in der Schule und im Beruf, sondern im Theater und der Musik. Eine emotionale Ausbildung im Sinne der Vermittlung einer Kompetenz, wie mit den eigenen sowie den Gefühlen anderer umzugehen ist, gibt es allenfalls im Psychologiestudium. Aber selbst dort werden Gefühle eher von der problematischen Seite betrachtet und im schlimmsten Falle als Krankheiten angesehen. Die große Masse und damit auch du als Leser hast dein Wissen über Gefühle typischerweise durch gesellschaftliche und familiäre Konditionierung erhalten. Wir übernehmen einfach das, was in unserer Gesellschaft als schicklich und angemessen gilt, oder folgen dem Beispiel unserer Eltern. Unsere rational geprägte Kultur züchtet emotionale Analphabeten!

Wie ich bereits in meinem Buch »Gefühle. Emotional gesund in einer rationalen Welt« (Patz 2019) ausführlich beschrieben habe, wissen wir dadurch noch nicht einmal, was Gefühle überhaupt sind. Es ist uns beispielsweise nicht bewusst, dass wir lediglich vier Grundgefühle haben, nämlich Wut, Traurigkeit, Angst und Freude. Jedes echte Gefühl ist also entweder eines dieser vier oder eine Mischung aus zwei, drei oder allen vier Gefühlen. Alles andere, was wir gemeinhin unbewusst in die Schublade Gefühle packen, sind entweder körperliche Empfindungen (»Ich fühle mich müde.«) oder Intuition, also Ahnungen oder Vermutungen (»Ich habe das Gefühl, es könnte heute regnen.«), oder Werte und Prinzipien wie Liebe, Begeisterung, Freundschaft, Neugier oder Ähnliches.

Wenn Menschen das erste Mal mit dem Vorstellungsbild konfrontiert werden, dass es lediglich vier Grundgefühle, nämlich Wut, Traurigkeit, Angst und Freude gibt, ist die erste Reaktion immer die folgende: »Es gibt nur vier Gefühle und davon sind drei negativ und nur eines positiv? Na großartig! Das soll eine gute Nachricht sein?« Diese Reaktion habe ich unzählige Male auf Vorträgen, in Seminaren und im Coaching erlebt. Könnte ich Wetten darauf abschließen, hätte ich bereits ein Vermögen gemacht. Diese vorhersehbare Reaktion ist eine direkte Folge unserer gewöhnlichen kulturellen Konditionierung in Bezug auf Gefühle – nämlich, dass wir Gefühle wie Wut, Traurigkeit und Angst als negativ einordnen. Freude gilt auf den ersten Blick vielleicht noch als positiv, aber auch ein Zuviel an Freude kann wiederum als naiv, kindisch und als etwas, das man nicht ernst zu nehmen braucht, gedeutet werden. Aber wie kommt es zu dieser negativen Prägung?

Was haben wir als Kinder gehört, wenn wir wütend waren? »Geh in dein Zimmer und komm erst zurück, wenn du wieder normal bist!« Oder: »Nicht in diesem Ton!« Vielleicht gab es aber auch eine Ohrfeige? Vielleicht haben wir aber auch die Wut anderer, zum Beispiel die Wut unserer Eltern, als bedrohlich erlebt. Was haben wir durch diese Erfahrungen gelernt? Wut ist ein negatives Gefühl. Wut ist verletzend, unsozial und macht Angst. Daher ist es nicht okay, wütend zu sein. Also haben wir früh begonnen, unsere Wut nicht zu zeigen. Wir packen sie weg, wir unterdrücken sie, wir versuchen, sie möglichst gar nicht wahrzunehmen. Wir programmieren unsere Firewall in einer Weise, dass nur die Dinge in unser Bewusstsein treten dürfen, die gesellschaftlich erwünscht sind. Gefühle gehören nicht dazu.

Was hat man uns gesagt, wenn wir als Kinder traurig waren? »Männer weinen nicht!«, »Es ist doch gar nichts passiert«. Vielleicht hat man uns aber auch als Heulsuse oder Mädchen beschimpft. Wenn unsere Eltern traurig waren, haben wir uns vielleicht hilflos gefühlt und uns gewünscht, dass sie bald wieder fröhlich wären. Was haben wir durch diese Erfahrungen gelernt? Traurigkeit ist ein negatives Gefühl. Traurige Menschen sind schwach, weinerlich und ziehen andere herunter. Daher ist es nicht okay, traurig zu sein. Also haben wir auch früh begonnen, unsere Traurigkeit für uns zu behalten und sie wegzupacken.

Was haben wir als Kinder zu hören bekommen, wenn wir Angst hatten? »Stell dich nicht so an, du Schisser!«, »Du brauchst doch keine Angst zu haben, das ist überhaupt nicht schlimm«. Vielleicht hat man uns als Angsthase, Memme oder Versager betitelt. Wenn wir mitbekommen haben, dass unsere Eltern Angst hatten, sind wir vielleicht selbst in Panik geraten und fühlten uns nicht mehr sicher. Was haben wir durch diese Erfahrungen gelernt? Angst ist ein negatives Gefühl. Angst ist schwach, lähmend und ansteckend. Daher ist es nicht okay, Angst zu fühlen – also, auch weg mit der Angst!

Gefühlstaubheit und Unbewusstheit

Das, was wir also von klein auf so richtig gründlich gelernt haben, ist, dass die meisten Gefühle negativ sind und dass wir sie möglichst gut unterdrücken müssen, damit wir in unserer rational orientierten Gesellschaft gut funktionieren können und dazugehören. Dadurch passiert vor allem eines: Wir verdrängen unsere Gefühle ins Unterbewusstsein. Dort können sie dann unbemerkt vor sich hin gären und uns bisweilen ganz schön zu schaffen machen. Beispielsweise in Form von physischen Symptomen, wie Bluthochdruck, Durchfall oder Schweißausbrüchen, oder psychischen Symptomatiken, wie Angststörungen, unkontrollierbaren Wutausbrüchen, Depressionen bis hin zum Burn-out-Syndrom. Zusätzlich dazu findet unser Umgang mit Gefühlen und unser Gefühlsausdruck jenseits der eigenen Wahrnehmung statt, was nicht selten zu Konflikten in unseren Beziehungen führt. Unbewusste Wut lässt uns zu notorischen Nörglern oder zu tickenden Zeitbomben werden, die bei jeder Kleinigkeit ausrasten. Unbewusste Angst macht uns zu Kontrollfreaks, Komfortzonenbewohnern oder zu angepassten Jasagern, die ihre Lebendigkeit der Illusion von Sicherheit opfern. Durch unbewusste Traurigkeit werden wir schnell zu hilflosen, jammernden Opfern der Umstände, die scheinbar nichts an ihrer

Situation ändern können. Selbst unbewusste Freude hinterlässt ihre Spuren, wenn sie sich beispielsweise als Schadenfreude oder durch ständige sarkastische Bemerkungen ihren Ausdruck verleiht.

Um nichts fühlen zu müssen, benutzen wir allerlei Betäubungsmittel, die uns in unserer Kultur ausreichend zur Verfügung gestellt werden. Egal ob übermäßiges Essen, legale Drogen wie Alkohol oder Nikotin oder ständige Ablenkung durch Radio, Fernsehen oder neue Medien – das Angebot ist vielfältig und wir nutzen es rege. Selbst übermäßiges Arbeiten, Sporttreiben oder Shoppen kann dazu dienen, Gefühle zu betäuben. Genauso, wie wir Gefühle auch wegrationalisieren oder wegmeditieren können, um – zumindest eine Zeit lang – weiter zu funktionieren. Dieses Betäuben von Gefühlen führt einerseits dazu, dass Gefühle weiterhin im Unbewussten bleiben, und andererseits, dass wir sie erst wahrnehmen, wenn sie schon ziemlich intensiv geworden sind. Wir merken es nicht, wenn wir ein bisschen wütend, traurig oder ängstlich sind, sondern erst, wenn die Wut, Traurigkeit oder Angst schon so groß geworden sind, dass unsere Taubheitsstrategien versagen. Dann passiert es leicht, dass unsere Gefühle sich in übermächtigen Ausbrüchen ihren Weg nach draußen bahnen. Wir rasten aus und schreien unser Gegenüber an und werden vielleicht handgreiflich, weil wir nie gelernt haben, mit so intensiver Wut umzugehen. Wir bekommen eine Panikattacke, die uns tatsächlich lähmt, unser Herz rasen lässt und uns den Atem und den Schlaf raubt. Oder wir fallen in eine tiefe Depression, aus der wir tage- oder wochenlang nicht mehr herauskommen. Das bestätigt uns dann wiederum in unserer erlernten Überzeugung, dass Gefühle negativ und störend sind. Ein Teufelskreis, der damit beginnt, dass wir von Menschen, die selbst unbewusst mit ihren Gefühlen umgehen – also unseren Eltern –, unbewusst lernen, wie wir mit Gefühlen umzugehen haben. Man könnte sagen, Unbewusstheit gebiert Unbewusstheit. Daran wird sich so lange nichts ändern, bis irgendwann irgendjemand seine Gefühlswelt aus dem Exil des Unbewussten befreit und lernt, bewusst mit den eigenen Gefühlen umzugehen. So lange bleibt unser Umgang mit Gefühlen in den Kinderschuhen stecken.

Gefühle als Ressourcen

Was hat das Thema Gefühle aber nun mit der Umsetzung der eigenen Berufung zu tun? Sind Gefühle auch hier nicht eher hinderlich statt förderlich? Kurze Antwort: Solange unsere Gefühle im Unbewussten weilen, haben wir keinen bewussten Zugriff darauf. Solche unbewussten Gefühle halten uns oftmals davon ab, unsere Berufung zu verwirklichen, ohne dass wir es merken. Ein bewusster Umgang mit deinen Gefühlen hingegen ist nahezu essenziell, wenn du dein Ding machen willst. Dabei spielen mindestens zwei Aspekte eine wichtige Rolle. Der erste Aspekt ist folgender: Solange wir keinen bewussten Zugang zu unseren Gefühlen haben und unsere Kraft dafür vergeuden, Gefühle zu unterdrücken, fehlt uns die Kraft, die wir für die Verwirklichung unserer Berufung brauchen. Denn unsere Gefühle sind eigentlich als Kraftquelle gedacht. Unsere Gefühle sind allesamt Ressourcen, die uns für ein aktives und selbstbestimmtes Leben dienlich sind. Allerdings eben nur, wenn wir lernen, sie bewusst zu fühlen und zu nutzen. Jedes unserer Gefühle gibt uns Information und Kraft zum Handeln,befähigt uns also dazu, etwas damit zu tun.

Die vier Gefühle als Ressourcen

WUT

... ist **neutral** und nützlich, um ...
Grenzen zu setzen, »Nein« oder »Ja« zu sagen, Klarheit zu schaffen, Entscheidungen zu treffen, in Aktion zu treten, Dinge zu beginnen oder zu beenden, für etwas einzustehen et cetera

TRAURIGKEIT

... ist **neutral** und nützlich, um ...
loszulassen, Dinge wertzuschätzen, mitzufühlen, in Verbindung zu treten, berührbar zu sein, zu wissen, was einem am Herzen liegt, zu heilen, dankbar und demütig zu sein et cetera

FREUDE

... ist **neutral** und nützlich, um ...
zu feiern, sich selbst und andere zu begeistern, zu führen, zu motivieren, zu genießen, über den Tellerrand zu schauen (Neugier), ein Team zu weben, zu spielen, zu experimentieren et cetera

ANGST

... ist **neutral** und nützlich, um ...
Neuland zu betreten, aufmerksam und präsent zu sein, kreativ zu sein, ungewöhnliche Lösungen zu finden, Pläne zu machen, der eigenen Intuition zu folgen, innovativ zu sein, vorsichtig vorzugehen et cetera

Die Abbildung zeigt, welche Kräfte uns durch unsere Gefühle zur Verfügung gestellt werden, wenn wir sie bewusst fühlen und nutzen können.

Die Information, die in unserer Wut steckt, lässt sich folgendermaßen formulieren: »Ich bin mit dem, was hier gerade passiert, nicht einverstanden. Ich will das so nicht.« Unsere Wutkraft brauchen wir daher, um Grenzen zu setzen und Nein zu sagen. Wut lässt uns klar und fokussiert sein. Mit Wut können wir für uns oder für etwas einstehen oder etwas beschützen. Wir brauchen ein bisschen Wut, um eine klare Entscheidung zu treffen oder um etwas zu starten oder für immer zu beenden. Mit Wut können wir

Klarheit und Struktur schaffen und Ziele erreichen. Sie belebt uns und weckt uns auf wie ein starker Espresso.

Die Information, die uns unsere Traurigkeit gibt, lässt sich wie folgt formulieren: »Das ist/war mir wichtig. Das liegt mir am Herzen. Es schmerzt mich, dass es nicht so ist, wie ich es mir im Grunde meines Herzens wünsche. Ich vermisse es.« Die Kraft der Traurigkeit lässt uns Abschied nehmen, akzeptieren und heilen. Sie lässt uns aufrichtig, menschlich und nahbar sein. Traurigkeit führt zur Verbindung mit anderen, und zwar auf Herzensebene. Sie lässt uns mitfühlend, demütig und dankbar werden. Mit unserer Traurigkeit können wir auch die Herzen anderer berühren und erreichen.

Die Information, die wir durch unsere Angst bekommen, ist: »Hoppla, hier passiert etwas Neues – hier war ich noch nie. Das könnte gefährlich werden, weil ich es nicht kenne oder es nicht gewohnt bin oder schon einmal eine schlechte Erfahrung damit gemacht habe. Ich sollte wach und vorsichtig sein. Wie könnte ich das gut meistern?« Wenn wir keine Angst vor unserer Angst haben und bereit sind, sie bewusst zu fühlen, dann macht uns Angst kreativ, innovativ und erfinderisch. Sie lässt uns mutig und wach Neuland betreten und unsere Komfortzone erweitern. Angst öffnet uns den Zugang zur Intuition und zu versteckten Ressourcen, auf die wir im Normalzustand nicht zugreifen können. Sie lässt uns im Moment präsent und zentriert sein.

Die Information der Freude ist ziemlich einfach zu entschlüsseln: »Das gefällt mir, das macht mir Spaß und begeistert mich.« Mit der Kraft bewusster Freude können wir uns selbst und andere begeistern und inspirieren. Freude lässt uns spielerisch über den Tellerrand blicken und neugierig sein. Auch Freude verbindet uns mit anderen – sie lässt uns gemeinsam Ziele erreichen und Visionen spinnen. Wir brauchen Freude, um zu feiern und zu genießen. Auch Freude gibt uns die Kraft, etwas anzugehen und umzusetzen – und noch vieles mehr.

Schon beim Lesen kannst du die immense Energie erahnen, die in unseren Gefühlen steckt – und zwar auch in den von uns als negativ erachteten Gefühlen wie Wut, Angst und Traurigkeit. Aber diese Energie steht uns nicht zur Verfügung, solange wir diese Gefühle nicht fühlen wollen und sie verdrängen. Durch das ständige Unterdrücken geht uns, wie gesagt, sogar noch zusätzliche Energie flöten, die wir dringend brauchen könnten.

Gefühle dienen als Treibstoff und Navigationssystem für deine Berufung

Bewusste Gefühle dienen als Treibstoff für die Verwirklichung deiner Berufung. Du brauchst beispielsweise deine Wut, um dein Ding zu machen. Denn dein Ding ist höchstwahrscheinlich kein gewöhnlicher Mainstreamjob. Um den vielen Ja-aber-Stimmen in deinem Kopf und den vielen guten Ratschlägen der Menschen in deinem Umfeld selbstbewusst und klar begegnen und wahrscheinlich auch widersprechen zu können, brauchst du die Kraft der Wut. Um für dein Thema klar und fokussiert einstehen zu können, dient dir deine Wut. Um überhaupt die Entscheidung zu treffen, dem Weg deiner Berufung zu folgen, statt dem vorgegebenen, vermeintlich sicheren Mainstreampfad – dazu ist bewusster Einsatz von verantwortlicher Wut notwendig.

Genauso notwendig ist ein bewusster Zugang zu deiner Angst. Denn wenn dein Ding kein gewöhnlicher Mainstreamjob ist, wirst du nicht den normalen Mainstreamberufsweg einschlagen oder weitergehen wollen. Du wirst einen neuen Weg bahnen müssen, der dich teilweise in unbekanntes Gebiet führt. Also brauchst du die Kraft deiner Angst, um wach, findig und kreativ zu sein, um aus dem Nichts dein Ding zu kreieren. Und Traurigkeit? Wozu dient dir die Kraft der Traurigkeit beim Umsetzen deiner Berufung? Deine Traurigkeit kannst du dafür nutzen, um andere – egal ob Kunden, Mitstreiter, Kollegen oder Mitarbeiter – mit dem, was dir am Herzen liegt, zu berühren. Sie lässt dich authentisch und berührbar sein und offen und empathisch für die Sorgen und Nöte in deinem Team. Wofür du deine Freude und Begeisterung in Bezug auf deine Berufung nutzen kannst, ist glaube ich selbstverständlich. Andere für deine Dienstleistung zu begeistern, ein Team zu schmieden, eine gute Arbeitsatmosphäre zu schaffen, sind nur einige Aspekte.

Es gibt aber noch einen weiteren wichtigen Zusammenhang zwischen deinen Gefühlen und deiner Berufung: Deine Gefühle können dir nämlich auch als präzises Navigationssystem dienen und dir zeigen, wo deine Berufung liegen könnte. Wenn du zum Beispiel immer wieder authentisch wütend oder traurig über bestimmte Umstände auf dieser Welt bist, kann dies ein Hinweis auf eine Aufgabe sein, die auf deinem Tisch liegt. Die Traurigkeit oder die Wut rühren in diesem Falle daher, dass du eine Vision einer besseren Welt in dir trägst – du ahnst oder weißt, dass etwas anderes möglich wäre und bist deshalb traurig und/oder wütend darüber, dass diese Möglichkeit noch nicht umgesetzt wurde. Wenn dies der Fall ist, könnte es Teil deiner Berufung sein, diese Möglichkeiten zu erschaffen.

Wenn wir bestimmte Dinge sehen, wie sie gerade sind, und gleichzeitig eine Vision davon haben, wie sie sein könnten, entsteht in uns eine innere Spannung, ein Schmerz. Dieser Schmerz, den wir über die Differenz zwischen den Dingen, wie sie im Moment sind und wie sie sein könnten, empfinden, kann uns einerseits informieren, in welche Richtung unsere Aufgabe gehen könnte, andererseits versorgt der Schmerz uns mit der notwendigen Motivation und Kraft, um aktiv zu werden und die Umstände in unserem Leben so zu verändern, dass wir authentisch unserer Berufung und uns selbst dienen. So wird Schmerz zum Raketentreibstoff, um die eigene Berufung in Aktion zu werden und dabei gleichzeitig die Welt ein Stückchen besser zu machen.

Ein Beispiel: Eine gute Freundin von mir war zufällig in einem Lokal, in dem gerade eine Hochzeitsfeier stattfand. Alles war wunderschön und dem Anlass entsprechend arrangiert. Das Essen, die Dekoration, die Gäste, die Musik, das Brautpaar selbst und vor allem die Braut. Sie hatte ein traumhaftes Kleid an, das Make-up und die Hochsteckfrisur waren sensationell. Meine Freundin genoss den Anblick dieser von Liebe und Schönheit strahlenden Hochzeitsgesellschaft. Zumindest so lange, bis die Braut aufstand und ein paar Schritte durch den Raum ging. Sie trug hohe Schuhe, war aber nicht gewohnt, darin zu laufen, sodass ihr ungeübter Gang und die Schmerzen, die ihr die Schuhe offensichtlich bereiteten, den Rest ihrer Erscheinung total überstrahlten. Darüber fühlte sich meine Freundin sehr traurig und dieser Schmerz breitete sich in ihrem kompletten Bewusstsein aus, und zwar nicht nur für den Moment, sondern länger. Der Schmerz ließ sie aktiv werden und ihr Leben ändern. Heute gibt sie sehr erfolgreich Kurse für Frauen (und Männer) und bringt ihnen bei, auf hohen und niedrigen Absätzen elegant und gesund zu gehen. Ganz nebenbei vermittelt sie ihren Teilnehmern ein positives Körpergefühl, eine zentrierte Haltung und ein gesteigertes Selbstvertrauen. Mittlerweile hat sie sogar eine eigene Methodik hierzu entwickelt. Sie strahlt das, was sie vermittelt, über jede Pore, jedes Wort, jede Geste aus. Sie hat somit dank der Wahrnehmung ihrer Gefühle ihre Berufung gefunden und macht nun ihr Ding.

Aber auch Freude, zum Beispiel in Form von Begeisterung, und sogar Angst geben dir wertvolle Hinweise auf deine Berufung. Die persönliche Motivation, mich für meine Berufung immer weiter in unbekanntes Gebiet zu wagen, rührte zu großen Teilen aus meiner Angst, dass mein Leben ansonsten sinnlos oder bedeutungslos bleiben könnte. Um Klarheit über die eigene Berufung zu bekommen, lohnt es sich also, nicht nur zu reflektieren, was dich begeistert oder was du gerne tust – was häufig als Grundlage genutzt wird, um herauszufinden, wo die eigene Berufung liegt. Sondern dich selbst auch einmal damit zu beschäftigen, worüber du tiefe Wut, Traurigkeit oder Angst empfindest, wenn du in die Welt schaust. Denn dort, wo der Schmerz über das, was in der Welt passiert, bei dir am größten ist, genau dort könnte deine Berufung liegen. Deine Gefühle geben dir in diesem Fall die Kraft und die Motivation, dich genau dafür einzusetzen und tätig zu werden.

»

*Dort, wo der Schmerz
über das, was in der Welt
passiert, in dir am größten
ist, genau dort könnte deine
Berufung liegen.*

«

Gefühle als Treibstoff für deine Berufung

WUT

... gibt dir Hinweise, worin deine Berufung liegen könnte.

Sie gibt dir **Kraft**, um ...

dein Ding zu starten, deinen alten Job zu beenden, für dein Thema einzustehen, dich auf dein Ding zu fokussieren, Entscheidungen zu treffen und Gewohnheiten loszulassen et cetera

TRAURIGKEIT

... gibt dir Hinweise, worin deine Berufung liegen könnte.

Sie gibt dir **Kraft**, um ...

dich für das einzusetzen, was dir wichtig ist, dich mit Gleichgesinnten zu verbinden, andere mit deinem Thema zu berühren, das Alte zu verabschieden, mit vollem Herzen dabei zu sein et cetera

FREUDE

... gibt dir Hinweise, worin deine Berufung liegen könnte.

Sie gibt dir **Kraft**, um ...

dich selbst und andere von deinem Thema zu begeistern, Spaß an deinem Tun zu haben, dranzubleiben und Durststrecken zu überwinden, dich spielerisch entwickeln zu können et cetera

ANGST

... gibt dir Hinweise, worin deine Berufung liegen könnte.

Sie gibt dir **Kraft**, um ...

deine Komfortzone zu erweitern und den Weg deiner Berufung zu gehen, kreativ und innovativ dein Ding zu machen, keine Luftschlösser zu bauen, sondern Schritt für Schritt vorzugehen

Hast du deine Gefühle aber nicht wirklich in Besitz genommen, hindern sie dich meist daran, deine Berufung in die Tat umzusetzen. Solange du beispielsweise deine Angst nicht in Besitz genommen hast, beherrscht sie dich, und so wirst du immer wieder gute Gründe finden, warum du deine Berufung doch nicht umsetzen kannst, nur um keine Angst fühlen zu müssen. Aber dazu mehr im nächsten Kapitel.

Das Geheimnis

Deine Gefühle geben dir nicht nur wertvolle Informationen in Bezug darauf, wo deine Berufung liegen könnte, sie versorgen dich auch mit der entsprechenden Motivation und Kraft, um notwendige Schritte vorzunehmen. Alle Gefühle, auch die sogenannten negativen Gefühle, geben dir – wenn sie erwachsen, authentisch und verantwortlich genutzt werden – den kontinuierlichen Treibstoff, um für deine Bestimmung in Aktion zu treten. Vor allem der Zugang zur Angst ist notwendig, um in der Lage zu sein, das Neuland deiner Berufung zu erobern.

So machst du dir den Weg frei!

Du änderst bewusst deine kulturell geprägte Sichtweise auf Gefühle. Du machst eine Zeit lang Gefühlsarbeit, um deine Taubheitsschwelle Schritt für Schritt herabzusetzen und wieder bewussten Zugang zu deinen Gefühlen zu bekommen. Sobald du in der Lage bist, deine Gefühle in ihrer reinen Form (also unvermischt) bis zu einer Intensität von hundert Prozent zu fühlen und auszudrücken, kannst du deine Gefühle als Navigationssystem und Kraftquelle verantwortlich nutzen, um dein Ding zu machen – egal, was andere dazu sagen.

Mind-Changer-Fragen

Hast du deine Gefühle schon in Besitz genommen oder übermannen und beherrschen sie dich noch?

Welche Geschichte über Gefühle trägst du in dir? Hältst du Gefühle wie Wut, Traurigkeit und Angst immer noch für negativ und versuchst, sie zu vermeiden?

Was sind deine bevorzugten Gefühlsdämpfer – was tust du, um nicht fühlen zu müssen?

Welche Umstände in der Welt, wie sie derzeit ist, oder in deinem Umfeld bereiten dir Schmerz/Wut/Traurigkeit/Angst?

Wo würdest du gerne etwas verändern, wenn du die Möglichkeit dazu hättest?

Hürde #4

Du hast Angst vor der Angst

Da unser gewohnter Umgang mit dem Gefühl Angst einer der größten Hinderungsgründe für die Umsetzung der eigenen Berufung darstellt, möchte ich diesem Thema ein zusätzliches, eigenes Kapitel widmen, obwohl ich ja bereits im vorherigen Kapitel schon in Ansätzen darüber geschrieben habe. Denn ich weiß, dass es sich lohnt. Der Schritt vom gewöhnlichen und unbewussten Umgang mit der eigenen Angst hin zu einem erwachsenen und bewussten Umgang kann dein Leben grundlegend verändern – nicht nur in Bezug auf das Thema Berufung. Denn solange du deine Angst nicht in Besitz genommen hast, besitzt deine Angst dich und hält dich in ihrem stählernen Griff gefangen.

Angst ist, wie ich im vorherigen Kapitel erläutert habe, eines unserer vier Grundgefühle. Allerdings gibt es eine Besonderheit: Angst und Wut sind im Gegensatz zu Traurigkeit und Freude mit unserem instinktiven Überlebensmechanismus verbunden. Das heißt, immer wenn wir in Lebensgefahr geraten, springt dieses Notfallprogramm ganz automatisch an und beschränkt uns auf drei typische Handlungsoptionen:

Kämpfen – Flüchten – Totstellen.

Dabei wird jede Menge Adrenalin ausgeschüttet und der Stresslevel steigt überdurchschnittlich, um uns kurzfristig alle zur Verfügung stehenden Energiereserven unseres Körpers zugänglich zu machen. Auf der emotionalen Ebene lässt uns die Angst in diesen Fällen wach, präsent, vorsichtig und erfinderisch werden und die Wut mutig und energisch. Zugegeben, der Fight-Flight-Freeze-Modus ist ein sehr nützlicher Gehirntrigger, den die Evolution uns mitgegeben hat – zumindest für den Fall, dass wir von einem wilden Bären angefallen werden, in einen Autounfall geraten oder etwas Ähnliches passiert. Dieses automatische Programm im Kopf lässt uns in lebensbedrohlichen Situationen schnell und instinktiv reagieren – ohne großes Nachdenken. So weit, so gut. Allerdings führen unsere kulturell bedingte Sicherheitsorientierung und unsere negative Geschichte über die Angst dazu, dass so ziemlich jede kleine Veränderung unserer Lebensumstände von unserem System als eine Art Lebensgefahr eingestuft wird – auch wenn die Gefahr in Wirklichkeit nicht so akut und dramatisch ist, wie wenn wir von einem hungrigen Raubtier angegriffen werden. Solange unser Denken noch auf dem Betriebssystem Überleben 10.0 läuft, kann sich jede Veränderung genauso dramatisch anfühlen. Einfach nur, weil wir es nicht gewohnt sind, unsere Komfortzone zu erweitern und mit unserer Angst bewusst umzugehen. Im Grunde haben wir Angst vor der Angst, weil in unserem Unterbewusstsein immer noch diese Gleichungen hinterlegt sind:

Angst = Lebensgefahr
Angst = Bedrohung
Angst = die Möglichkeit zu sterben

Statt die Angst zu nutzen und bewusst zu erspüren, ob wirklich eine Bedrohung vorhanden ist oder wie groß die potenzielle Gefahr tatsächlich ist, versuchen wir einfach, Angst komplett zu vermeiden.

Wir opfern unsere Lebendigkeit der unbewussten Angst, zu sterben

Kennst du dieses Zitat?

»Der Tod ist nicht der größte Verlust im Leben. Der größte Verlust ist das, was in uns stirbt, während wir leben.«

Norman Cousins, amerikanischer Journalist, Autor und Friedensaktivist

Ich würde sogar noch weiter gehen und sagen: Der größte Verlust im Leben, sind die Dinge, die wir in uns sterben lassen, während wir leben. Klingt das nicht paradox? Unsere Angst zu sterben ist so groß, dass wir gar nicht merken, dass wir das, was wir so sehr fürchten, bereits in unserem Leben herbeizaubern. Wir opfern unsere Neugier und Lebendigkeit auf dem Altar der Angst und werden so zu lebenden Toten – quasi Zombies –, die furchtbar penibel darauf achten, kein Risiko einzugehen. Ansonsten könnten wir ja tatsächlich sterben. Aber wo bitte schön ist der Unterschied zwischen lebendig tot und wirklich tot? Hast du dich das schon einmal gefragt?

So kreieren wir uns ein Leben voller Mittelmäßigkeit und jeder Menge Hintertürchen, und das uns umgebende System – unsere aktuelle Kultur – versucht, so gut es geht, seinen Nutzen und Profit aus unserer Schwäche oder unserem Unvermögen zu ziehen. Ein Großteil unserer Wirtschaft und unsere Sozialsysteme bauen auf dieser Basis unbewusster Angst auf. Die Versicherungsbranche, das Bankenwesen, die Immobilienbranche, aber auch unser Arbeitsmarkt und das System abhängiger Arbeit mit der Unterscheidung zwischen Arbeitgeber und Arbeitnehmer basieren auf derartigen, unbewussten Angstvermeidungsstrategien – um nur einige Beispiele zu nennen. Von unbewusster Angst getrieben, so sind die meisten Mitmenschen, und sie lassen sich als quasi lebende Tote viel leichter steuern und manipulieren – sei es von der Werbung oder von der Politik.

Was lassen wir freiwillig in uns sterben? Schon während unserer Schulzeit stirbt ein Teil von uns, denn unser Schulsystem ist nicht darauf ausgerichtet, kreative und selbstständig denkende, individuelle Persönlichkeiten heranzubilden. Wir werden vielmehr bereits schon in jungen Jahren darauf konditioniert, in einem Umfeld von Konkurrenz und Bewertung zu überleben. Die Angst zu sterben schwingt die ganze Schulzeit hindurch auf der Metaebene mit. Denn wenn du keine guten Noten hast, schaffst du deinen Abschluss nicht und bekommst keinen Job. Du hast somit in deinem Leben kein Geld und landest letztendlich unter einer Brücke. Von da aus ist es nur ein kleiner Schritt ins ... Nichts. Also lassen wir unsere Kreativität sterben, unsere Unbeschwertheit, unsere Einzigartigkeit, unseren Mut und unsere natürliche Neigung, stets nach dem Warum zu fragen.

Nach Schule und Studium geht es weiter mit der Angst. Nun dreht sich alles darum, endlich einen guten Job zu ergattern. Gut heißt in dem Spiel: sicher, gut bezahlt und inklusive möglichst vieler Sozialleistungen. Gut heißt nicht, dass dieser Job irgendetwas mit unseren Talenten, unseren Interessen, unseren Leidenschaften oder gar unserer Berufung zu tun hat. Wenn die Arbeit halbwegs unseren Talenten entspricht, ist das ein Segen, aber dieser Faktor steht nicht an erster Stelle. Die Angst zu sterben schwingt stets unausgesprochen auf der Metaebene mit. Schließlich müssen wir unsere Miete bezahlen und unsere Familie ernähren. Wenn du keinen sicheren, gut bezahlten Job hast, hast du irgendwann kein Geld mehr und landest unter einer Brücke – zusammen mit deiner Familie. Von dort aus ist es nur ein kleiner Schritt ins ... Nichts. Also lassen wir unsere Vision und unsere Begeisterung sterben, unsere Berufung, unsere Abenteuerlust und unsere Neugier und übergeben das Heft des Handelns unserem Chef oder dem Staat.

Diese Angst vor der Angst ist meist größer und schwerwiegender als die Sehnsucht, einer inneren Vision zu folgen, sei sie auch noch so klar und anziehend. Die meisten von uns bleiben lieber in ihrer sicheren Komfortzone, weil die unbewusste Angst zu sterben sie davon abhält, etwas anderes überhaupt nur für möglich zu halten. Wir machen in unserer Kultur nicht die Erfahrung, dass wir trotz Angst und der Gefahr zu sterben in der Lage sind, lebendig zu sein und unserer persönlichen Vision zu folgen. Deshalb glauben wir auch nicht daran, dass das möglich ist, und lassen unsere Vision sterben. Um all dieses innere Sterben ertragen zu können, müssen wir auch unsere Gefühle sterben lassen. Wir werden taub und gefühllos – lebende Tote. Ansonsten würde der Schmerz über all das Sterben uns überwältigen. Unsere Häuser und Wohnungen – egal ob gekauft oder gemietet – werden zu Gefängnissen und Gräbern. All die Dinge, die wir uns anschaffen, um uns sicher zu fühlen, beginnen irgendwann, uns zu besitzen, weil sie unsere Aufmerksamkeit, unsere Zeit und unser Geld beanspruchen. Wir arbeiten nicht aus Begeisterung und um einen einzigartigen Beitrag zum großen Ganzen zu leisten, sondern allein, um in unserer kleinen Welt zu überleben. Was uns wirklich fehlt, ist die Bereitschaft zu sterben. Wir vergeuden all unsere Energie darauf, Angst zu vermeiden und vermeintliche Sicherheit zu erlangen. Damit aber laufen wir einer Illusion hinterher. Mehr noch, wir verkaufen unsere Seele an diese Illusion. Die Wahrheit ist einfach wie klar: Der Tod ist immer untrennbar mit dem Leben verbunden. Wir werden sterben – früher oder später. Warum also nicht die Zeit nutzen, die uns gegeben ist, und auf eine aktive und lebendige Art und Weise die eigene Vision zum Leben erwecken?

Das funktioniert aber nur, wenn du bereit bist, deine Angst bewusst zuzulassen, und lernst, auch Angst bewusst für dich zu nutzen. Angst kann dir helfen, dein Ding zu machen. Denn genau dafür ist die Angst eigentlich gedacht – um vorsichtig und kreativ Neuland zu betreten.

Das eigentliche Problem: die Angst vor der Angst

Auch in vielen spirituellen und New-Age-Disziplinen wird die Angst als eine verdammt negative Sache dargestellt: »Angst verhindert das Leben« oder »Angst ist das Gegenteil von Liebe« oder »Entweder du tust etwas aus Angst oder aus Liebe« sind typische Ausprägungen dieser spirituellen Verachtung von Angst. Es wird dabei davon ausgegangen, dass es nur zwei Grundmotivationen für das menschliche Handeln gibt, eben entweder die Angst oder die Liebe. Als ich vor vielen Jahren das erste Mal darüber gelesen habe, konnte ich diesen Gedanken sofort nachvollziehen. »Stimmt!«, dachte ich damals und versuchte herauszufinden, wann ich etwas aus Angst und wann aus Liebe tat. Mittlerweile habe ich meine Meinung darüber gründlich geändert, weil ich neue interessante Unterscheidungen zum Thema Gefühle erhalten habe, die ich damals noch nicht kannte.

Im Grunde sind die oben genannten Aussagen aus dem spirituellen Kontext schlichtweg falsch. Denn es ist nicht die Angst, die uns hindert, etwas zu tun, sondern unsere Angst vor der Angst. Auch die Wahl der Worte führt unweigerlich dazu, dass unsere Haltung zur Angst stets negativ belegt bleibt. Sie fördert überdies die Entstehung unbewusster Glaubenssätze wie; »Etwas aus Angst zu tun, ist schlecht, und etwas aus Liebe zu tun, ist gut.« Die fatale Schlussfolgerung für die Suche nach der eigenen Berufung ist dann: Wenn du etwas aus Angst tust, dann kann es nicht deine Berufung sein. Was für ein Bullshit! Sorry für die Ausdrucksweise!

Die Aussage »Angst verhindert das Leben« müsste in Bezug auf ein sinnerfülltes Leben eigentlich heißen: »Mit unserer Angst vor der Angst verhindern wir das Leben, wenn wir Angst vermeiden wollen, vermeiden wir im Grunde das Leben selbst.«

»Entweder du tust etwas aus Angst oder aus Liebe« müsste eigentlich umformuliert werden in: »Entweder du tust etwas, um Angst zu vermeiden, oder du tust etwas, weil du es liebst, selbst wenn du dabei Angst hast.«

»Angst ist das Gegenteil von Liebe« müsste eigentlich heißen: »Verantwortungsbewusst genutzte Angst dient der Liebe.«

Wäre ich nicht meiner Angst gefolgt, dass mein Leben vielleicht keinen tieferen Sinn hat, hätte ich wahrscheinlich niemals zu meiner eigenen Berufung gefunden. Wäre ich nach meiner ersten Erfahrung im Beruf nicht meiner Angst vor der Vorstellung gefolgt, dass ich nunmehr vierzig Jahre meines Lebens in einer Arbeitswelt aushalten müsse, in der Status und Sicherheit alles und Leidenschaft und Berufung nichts wert sind, würde ich heute noch immer nicht das tun, was ich liebe. Ich liebe Lebendigkeit, Selbstbestimmung und Entwicklung. Diese Prinzipien sind mir wirklich wichtig und etwas wert. Die Angst, dass mir diese Werte verloren gehen könnten, lässt mich wach und kreativ sein, um diesen Prinzipien zu dienen. Meine Angst um das, was ich liebe, dient mir als Antrieb, mich genau dafür einzusetzen. Es ist niemals die Angst an sich, die dich daran hindert, das zu tun, was du liebst. Es ist unbewusste Angst beziehungsweise die Angst vor der Angst, also der hartnäckige Versuch, Angst so gut wie möglich zu vermeiden, der dich davon abhält, das zu tun, was du liebst.

Es gibt nämlich zwei Möglichkeiten, mit der Angst umzugehen: bewusst und verantwortlich oder unbewusst und unverantwortlich. In der Regel tun wir Letzteres, weil wir in unserer Gesellschaft nicht lernen, mit unseren Gefühlen und damit auch mit unserer Angst umzugehen. Wir haben gelernt, dass Angst etwas ist, was unbedingt vermieden werden muss. Deshalb haben wir uns einen Mechanismus zugelegt, der sich »die Angst vor der Angst« nennt. Die Angst vor der Angst führt dazu, dass wir noch nicht einmal unseren großen Zeh über die Grenze des uns Bekannten schieben, um zu prüfen, wie es sich dort draußen anfühlt. Sie lässt uns schön dort verweilen, wo es gemütlich, vermeintlich sicher und bekannt für uns ist – selbst wenn uns dieser Bereich verhasst ist oder uns von unserem eigentlichen Potenzial abschneidet.

Berufung ist, auch wenn das gerne behauptet wird, noch lange kein elementarer Bestandteil unserer aktuellen Arbeitskultur. Du erinnerst dich? Es geht um Status, Sicherheit und Überleben – nicht um Leidenschaft, Talente oder sich in den Dienst von etwas Größerem zu stellen. Das heißt, um deine Berufung zu leben und dein Ding zu machen, musst du höchst wahrscheinlich das Mainstreamdenken zumindest zu einem Teil verlassen. Das heißt in der Konsequenz, um deine Berufung zu leben, musst du deine Komfortzone etwas erweitern, denn die Möglichkeiten, die eigene Berufung zu leben, liegen außerhalb des Gewöhnlichen. Sie liegen damit in der Regel außerhalb deiner Komfortzone. Es wird also ein bisschen unbequemer in deinem Leben, wenn du nicht mehr mit der großen Masse schwimmen kannst. Sobald du auch nur an den Rand deiner Komfortzone stößt, wirst du ganz natürlicherweise Angst fühlen.

Diese Angst will dir eigentlich dienen, um vorsichtig und kreativ Neuland zu entdecken – nämlich das Neuland dessen, wie es geht, dein Ding zu machen. Die konditionierte Angst vor der Angst erzählt dir aber etwas anderes. Sie ist ein unbewusster Automatismus, der dich umgehend wieder einen Schritt zurück machen lässt, sobald du an den Rand deiner Komfortzone stößt, um die Angst, die in diesem Moment natürlicherweise auftritt, zu vermeiden. Es gibt aber keine Erweiterung deiner Komfortzone ohne Angst. Also finde dich damit ab und freunde dich mit deiner Angst an!

»

Es ist die Angst vor der Angst, also der hartnäckige Versuch, Angst so gut wie möglich zu vermeiden, der dich davon abhält, das zu tun, was dir wirklich wichtig ist.

«

Die Angst vor der Angst ist nämlich keine echte Angst, kein Gefühl, das uns wertvolle Informationen gibt und uns nützt, sondern ein emotionales Programm, das wir teilweise von anderen (beispielsweise unseren Eltern) übernommen haben und teilweise durch eigene Erfahrungen aus unserer Vergangenheit gespeist wird – das aber wenig mit der aktuellen Realität zu tun hat. Dennoch ist es so stark und unbewusst, dass es uns daran hindert, unser Ding zu machen. Es ist Teil des Betriebssystems Überleben.

Das Geheimnis

Wenn du von der unbewussten und unverantwortlichen Angst hin zur bewussten, verantwortlichen Angst wechseln willst, musst du Angst in deinem Mindset neu verkabeln. Was ist Angst eigentlich? Angst ist ein Gefühl und Gefühle sind weder gut noch schlecht. Gefühle dienen uns professionell, indem sie uns wichtige Informationen und Kraft liefern, um bestimmte Handlungen ausführen zu können. So lässt uns Angst zum Beispiel wach und präsent sein und Kleinigkeiten wahrnehmen. Angst lässt uns sorgfältig und vorsichtig sein. Angst informiert uns darüber, wenn wir unbekanntes Terrain betreten, und weist uns den Weg. Angst lässt uns ungewöhnliche Lösungen und Auswege finden, wenn wir sie zulassen. Angst erweitert unsere inneren Grenzen und lässt uns auch außerhalb unserer bekannten Box unbegrenzt schöpferisch sein und vieles mehr. Angst ist also sehr nützlich!

Wir sind dazu entworfen, jedes unserer Gefühle bis zu einer Intensität von hundert Prozent zu fühlen, ohne dabei zu sterben. Durch die Gewohnheit, Angst zu vermeiden, ist dein Nervensystem aber nicht an große Mengen Angst gewöhnt. Wir empfinden Angst meist auch physisch als unangenehm. Wenn du allerdings eine Zeit lang bewusst mit der Angst arbeitest und beispielsweise in einem sicher gehaltenen Trainingsraum lernst, Angst bewusst bis zu einer Intensität von hundert Prozent zu fühlen, passt du dein Nervensystem an Angst in unterschiedlichen Intensitäten an. Du machst auf diese Weise die Erfahrung, dass du größer bist als deine Angst und du auch mit der Angst in deinem Leben aktiv schöpferisch sein kannst. Jedes unserer Gefühle ist mit einer archetypischen Kraft in uns verbunden, die erst zum Leben erweckt wird, wenn wir das entsprechende Gefühl in Besitz genommen haben. Indem du deine Angst in Besitz nimmst, erweckst du die Kraft des Schöpfers und des Magiers in dir – die Kraft dessen, der aus dem Nichts etwas entstehen lässt.

So machst du dir den Weg frei!

Du machst dir deine Angst vor der Angst bewusst. Du verkabelst das Gefühl Angst in deinem Mindset neu, indem du die konditionierte Sichtweise, dass Angst negativ ist, gegen eine nützlichere Sichtweise austauschst: Angst ist Angst und somit neutral. Sie ist eines deiner nützlichen Grundgefühle und dient dir mit Information und Kraft zum Handeln. Du machst eine Zeit lang Gefühlsarbeit, um deine Angst vollständig in Besitz zu nehmen. Sobald du gelernt hast, deine Angst in ihrer reinen Form (also unvermischt) bis zu einer Intensität von hundert Prozent bewusst zu fühlen und auszudrücken, erweckst du die archetypische Kraft des Schöpfers in dir. Diese Schöpferkraft nutzt du dann aktiv, um das Neuland deiner Berufung zu betreten – Schritt für Schritt, wach, vorsichtig und kreativ. Du brauchst deine Angst, um dein Ding zu machen.

Mind-Changer-Fragen

**Wie ist deine Beziehung zum Gefühl Angst?
Welche Geschichte über Angst trägst du in dir?**

**Womit hast du Angst in deinem Verstand verkabelt?
(Zum Beispiel: gefährlich, Risiko, Lebensgefahr, Ohnmacht, Starre, ...)**

Besitzt dich deine Angst noch oder hast du sie schon in Besitz genommen?

Glaubst du noch daran, dass es so etwas wie Sicherheit wirklich gibt und dass die Angst irgendwann verschwindet?

**Was wäre in deinem Leben alles möglich/
Was könntest du alles tun, wenn du keine Angst vor der Angst hättest?**

Hürde #5

Du glaubst, du hast Zeit

Vor Kurzem wurde ich in einem Interview Folgendes gefragt: »Einerseits finde ich das ja sehr verlockend – die eigene Berufung zu finden und sein Ding zu machen. Dann setze ich mir Ziele und will dieses und jenes erreichen. Aber dann lese ich in der Zeitung etwas über den Klimawandel und dass wir vielleicht nur noch dreißig Jahre haben, bis die ganze Welt im Chaos versinkt. Dann fange ich an zu zweifeln: Macht es überhaupt noch Sinn, sich Ziele zu setzen? Macht es noch Sinn, sich auf den Weg zu seiner Berufung zu machen? Patrizia, wie kann ich mit diesem Zweifel umgehen?«

Vor ein paar Jahren war ich bei einem Vortrag von Prof. Dr. Guy McPherson, einem amerikanischen Professor, der es sich zur Aufgabe gemacht hat, die Menschen über den Status quo des Klimawandels umfassend zu informieren. Er hielt in München einen Vortrag und ich hatte die Vorstellung, es würden mindestens ein- bis zweihundert Menschen zu einem Vortrag über das schon damals sehr relevante Thema kommen, wenn ein dermaßen spannender Referent lockt. Ha! Rate doch einmal, wie viele da waren! Ich bin schlecht im Schätzen, aber es waren sicherlich nicht mehr als fünfunddreißig. Stell dir vor – in einer Großstadt wie München mit mehr als 1,4 Millionen Einwohnern, davon viele aufgeklärt, umweltbewusst und gebildet, kommen nur fünfunddreißig Menschen zu einem Vortrag über den Klimawandel. Okay, der Vortrag war in Englisch und vielleicht hat der Veranstalter zu wenig Werbung gemacht. Außerdem war es Samstagabend, aber dennoch: Fünfunddreißig von 1,4 Millionen sind gerade einmal 0,0025 Prozent. Wahnsinn, oder? Ich glaube, dieser Mangel an Interesse hat ganz andere Gründe.

Ich denke, es kommt deshalb keiner zu einem schonungslosen Vortrag über den Klimawandel, weil wir im Grunde nicht an unsere Sterblichkeit erinnert werden wollen. Weil wir diesen Teil des Lebens ausblenden wollen, denn er würde uns auffordern, unsere Lebenszeit, von der wir nicht wissen, wie lange sie tatsächlich sein wird, ausgiebig zu nutzen und die Dinge zu tun, die uns wirklich am Herzen liegen. Wir wollen aber lieber glauben, wir hätten Zeit. Zeit für die Bewältigung des Klimawandels, genauso wie für ein Leben gemäß der eigenen Berufung. Was für eine Unvernunft!

Am Ende unseres Lebens bereuen wir fast alle dieselben Dinge

Bronnie Ware ist eine australische Krankenschwester und mittlerweile Autorin, die Patienten in den letzten Wochen ihres Lebens vor dem Tod begleitet hat. Sie fing irgendwann an, aufzuschreiben, was sterbende Patienten am meisten in ihrem Leben bedauerten (Ware 2013). Die fünf häufigsten Antworten waren:

- Ich wünschte, ich hätte den Mut gehabt, ein Leben nach meiner eigenen Wahrheit zu führen, anstatt nach dem, was andere von mir erwarten.
- Ich wünschte, ich hätte nicht so viel gearbeitet.
- Ich wünschte, ich hätte den Mut gehabt, öfter meine Gefühle auszudrücken.
- Ich wünschte, ich hätte den Kontakt zu meinen Freunden aufrechterhalten.
- Ich wünschte, ich hätte mir erlaubt, glücklicher zu sein.

Antwort Nummer eins könnte man auch so formulieren: »Ich wünschte, ich hätte mein Ding gemacht.«

Die Botschaft von Professor McPhersons Vortrag war einfach: Der Klimawandel findet statt und ist unaufhaltsam. Es ist zu spät, um ihn rückgängig zu machen. Wir haben voraussichtlich nicht mehr viel Zeit. Er schätzt, dass in spätestens zwanzig Jahren die Zivilisation, wie wir sie kennen, in Teilen zusammenbrechen wird. Das heißt beispielsweise Benzinknappheit an der Tankstelle, Lebensmittelknappheit im Supermarkt und nur noch rationiertes Wasser aus der Leitung. Welchen Rat gibt er uns am Ende seines Vortrags? Sollen wir nun Vorräte bunkern oder einen Schutzkeller bauen oder recyceln, was das Zeug hält? Nein, sein Rat ist, uns auf das zu konzentrieren, was im Leben wirklich wichtig ist: unsere Beziehungen, unsere Leidenschaften, unsere Berufung – kurz, ein Leben zu führen, das wir am Ende nicht bereuen. Er nennt es a life of excellence.

Ich war danach etwas enttäuscht über die Hoffnungslosigkeit, die dieser Vortrag in mir erzeugte. Aber nur kurz. Denn dann wurde mir klar: Eine Enttäuschung ist etwas Wunderbares, denn sie befreit dich von der vorhandenen Täuschung und sagt: »Wach auf und tu, was getan werden muss! Es kann sein, dass du nicht mehr viel Zeit hast.« Ich habe mich in meinem Leben immer wieder gefragt: Gibt es für mich eine Alternative dazu, mein Ding zu machen? Wäre es für mich eine Option, alles schleifen zu lassen und nur noch in den Tag hineinzuleben, weil ja sowieso alles egal ist und den Bach hinuntergeht? Da war für mich die Antwort sofort klar: NEIN. Für mich gibt es keine Alternative, als weiterhin mein Ding zu machen – egal wie lange ich dafür noch Zeit habe.

Denn das ist es, was ich gerne tue, wofür ich brenne und was meinen Beitrag zum großen Ganzen darstellt.

Vielleicht denkst du jetzt: »Was, wenn Professor McPherson sich irrt und die Klimakatastrophe ausbleibt? Was, wenn wir etwas erfinden, um die Folgen des Klimawandels rückgängig zu machen?« Ja, was dann? Puh, nochmal Glück gehabt, oder was? Dann haben wir ja noch jede Menge Zeit und können erst einmal so weitermachen wie bisher, oder?! Dann brauchen wir erst einmal nichts ändern. Dann können wir alles einfach weiterlaufen lassen. Und das ist genau der Trick. Genau genommen ist es nicht dein oder mein Trick, es ist der Trick unserer Box, unseres automatischen Überlebensmechanismus. Wir stellen uns bei verdammt vielen Dingen gerne vor, wir hätten noch jede Menge Zeit. Ich kann mich noch erinnern, dass meine Eltern immer wieder davon gesprochen haben, was sie alles machen, wenn die Kinder aus dem Haus und sie in Rente sind. Meine Mutter dachte, sie hätte noch Zeit. Sie erkrankte kurz nach Rentenbeginn zuerst an Krebs und dann an schwerer Demenz und verbrachte den Rest ihres Lebens bis zu ihrem Tod im Pflegeheim. Der Mann einer Freundin von mir ist vor Kurzem bei einem Unfall ums Leben gekommen. Er war in den besten Jahren und wollte nur den sonnigen Nachmittag für eine Runde Sport nutzen. Alle dachten, er hätte noch Zeit.

Wir Menschen, auch du, denken immer, wir hätten noch viel Zeit für die Erfüllung unserer Wünsche, Bedürfnisse und Träume und alle anderen Dinge, die uns wichtig sind. Aber egal, ob Professor McPherson und all die anderen Klimaforscher recht haben oder nicht – früher oder später werden wir sterben! Vielleicht nicht durch den Klimawandel. Vielleicht nächste Woche bei einem Unfall oder in ein paar Jahren an einer Krankheit – vielleicht sogar friedvoll in hohem Alter in unserem Bett. Wir können es nicht wissen und wir können es meist auch nicht beeinflussen. Es ist also keine Frage des Klimawandels oder irgendeines anderen noch nicht bekannten zukünftigen Ereignisses, das dazu führen wird, dass die Welt vielleicht den Bach runtergeht. Wir wissen nicht, wie die Zukunft wird. Der Klimawandel aber macht uns unsere Sterblichkeit neu bewusst. Das können wir nutzen und uns auf die Dinge konzentrieren, die uns ganz tief in unserem Innersten wirklich wichtig sind.

Was, wenn deine Berufung einen Unterschied macht?

Es gibt noch einen zweiten Aspekt, der mir durch den Vortrag von Professor McPherson und die Frage im Interview bewusst geworden ist. Was, wenn genau dein Ding einen Unterschied in der Welt bewirken könnte und du dein Ding nicht machst, weil du glaubst, du hast noch Zeit, oder weil du glaubst, es ist sowieso alles egal und du kannst alleine nichts bewirken? Mit meinen Trainings und Unterstützungsangeboten sorge ich dafür, dass Menschen sich ihres Selbst bewusster werden, dass sie Zugang zu ihren Gefühlen bekommen und lernen, die Kraft ihrer Gefühle bewusst und verantwortlich für ihr Leben zu nutzen. Ich helfe Menschen, die in ihnen von Natur aus angelegte Kraft wiederzuentdecken und zu entfachen. Neben dem Effekt, dass Menschen durch meine Impulse ihr Leben glücklicher und selbstbestimmter gestalten können, könnte das in Summe auch dazu führen, dass langfristig diese Menschen durch ihr neues Verhalten in Bezug auf sich selbst, zu ihrer Umwelt und zu ihren Mitmenschen peu à peu unsere Welt zu einem positiveren Ort machen. Dass sie gemeinsam mit anderen daran arbeiten, eine nachhaltigere Form des Zusammenlebens zu erschaffen. Dass sie die Welt ein bisschen besser machen – jeder in seinem Einflussbereich –, wenn sie anfangen, sich in den Dienst von etwas Größerem zu stellen und sich einzusetzen für das, wofür sie brennen und was ihnen am Herzen liegt. Was, wenn meine Berufung dich dazu bringt, dein Ding zu machen, und dein Ding vielleicht darin besteht, etwas zu erfinden, das den Klimawandel verlangsamt? Könnte doch sein, oder? Vielleicht machen also mein Ding und dein Ding und die Dinge von weiteren Menschen zusammen einen riesigen Unterschied aus. Hast du daran schon einmal gedacht? Warum solltest du also noch eine Sekunde zögern?

Das Geheimnis

Unsere Vorstellung, dass wir noch ewig Zeit haben, ist eine wundervolle Illusion unserer Komfortzone. Sie ist Teil unserer Angstvermeidungsstrategie. Es ist auch okay, nicht ständig über die eigene Sterblichkeit nachzudenken. Wenn wir jeden Tag daran denken würden, dass unser Leben morgen schon vorbei sein könnte, würden wir vielleicht in die Empfindung von Sinnlosigkeit verfallen und keine längerfristigen Projekte mehr angehen. Genauso wenig nützlich ist es aber auch, die eigene Sterblichkeit komplett zu verdrängen. Dies könnte uns nämlich leicht dazu verführen, das, was uns wichtig ist, immer wieder auf später zu verschieben. »Wenn ich mal in Rente bin, ...«, »Wenn die Kinder groß sind, ...«, »Wenn ich genug Geld habe, ...«, »Wenn die Umstände irgendwann passen, ...«. Sich der eigenen Sterblichkeit bewusst zu sein – sich klar darüber zu sein, dass das Leben jederzeit zu Ende gehen kann, und mit dieser Gewissheit und der sich daraus ergebenden Kostbarkeit der eigenen Lebenszeit verantwortlich umzugehen, das ist Teil echten Erwachsenseins.

Pflückt Rosenknospen, solange es geht,
Die Zeit sehr schnell euch enteilt,
Denn dieselbe Blume, die heute noch steht,
Ist morgen dem Tode geweiht.

Robert Herrick, englischer Dichter (1591–1674)

Also, wenn du heute nicht damit beginnst, dein Ding zu machen, wann dann?

So machst du dir den Weg frei!

Du machst dir bewusst, dass dein Leben endlich ist. Du akzeptierst die Tatsache, dass du nicht weißt, wie lange du Zeit haben wirst. Du triffst daher die bewusste Entscheidung, die Zeit, die dir gegeben ist, zu nutzen, um die Dinge zu tun, die dir am Herzen liegen. Du hörst auf, diese Dinge auf einen späteren Zeitpunkt zu verschieben. Du machst dir bewusst, dass deine Berufung und dein Beitrag zum großen Ganzen für irgendjemanden einen Unterschied ausmachen können. Dann beginnst du, genau das zur Verfügung zu stellen und dein Ding zu machen.

Mind-Changer-Fragen

Wenn du irgendwann auf dem Sterbebett liegst und darüber nachdenkst, wie dein Leben verlaufen ist, was würdest du aus heutiger Sicht bereuen, wenn du es bis dahin nicht getan hättest?

Was muss aus deiner Sicht passieren, dass du beginnst, ein Leben zu führen, welches du am Ende nicht bereust?

Was, glaubst du, hält dich davon ab, dieses Leben jetzt schon zu führen?

Was muss passieren, dass du die Illusion aufgibst, du hättest noch jede Menge Zeit?

Hürde #6

Du entscheidest erst, wenn du ganz sicher bist

Es gibt drei geheime Kräfte, die allen Menschen innewohnen. Geheim oder unentdeckt sind die Fähigkeiten deshalb, weil wir sie in der Regel nicht als Kräfte wahrnehmen, mit denen wir etwas verändern können. Es wurde uns nicht beigebracht, dass es sich dabei um transformatorische Kräfte handelt, die wir in uns tragen und jederzeit sowie ohne Erlaubnis nutzen können. Wenn wir sie nämlich wirklich als Kräfte wahrnehmen und bewusst nutzen würden, würde die Welt, wie wir sie heute kennen, mit ziemlich großer Wahrscheinlichkeit anders aussehen. Wahrscheinlich bist du jetzt bereits neugierig, von welchen drei Kräften ich spreche. Okay, also hier sind deine drei unveräußerlichen, kraftvollen und geheimen Werkzeuge, um deine Welt zu verändern:

1. Auswählen/Entscheiden
2. Fragen
3. Deklarieren (= Geschichten machen)

Über die letztgenannte Kraft, das Deklarieren, habe ich im Kapitel »Du glaubst deinen eigenen Geschichten« ab Seite 41 schon ausführlich gesprochen. Deklarieren ist nichts anderes als Geschichtenmachen. Wir deklarieren, dass etwas so und so ist. Wir machen eine Geschichte darüber und halten diese Geschichte für wahr. Damit erzeugen wir unsere wahrgenommene Realität, die wiederum das Ausmaß unserer Möglichkeiten bestimmt. Mit bewusstem Deklarieren können wir also unsere Welt und unsere Möglichkeiten verändern!

Auf die zweitgenannte Ressource, die des Fragens, möchte ich nur kurz eingehen. Warum sind Fragen so mächtig? Merkst du, was diese Frage mit dir macht? ... Fragen öffnen Türen in neue

Welten. Von guten Coaches sagt man, dass sie insbesondere über die Fähigkeit verfügen, gute Fragen zu stellen. Daher ist die Kunst, die richtigen Fragen zu stellen, ein fester Bestandteil der meisten Therapeutenausbildungen. Eine Frage kann der Beginn einer Entdeckungsreise sein, für die du noch nicht einmal vor die Tür gehen musst. Du stellst dir selbst oder anderen eine Frage und schon geht der Verstand auf die Reise, um Antworten und Lösungen zu finden. Mit einer Frage kann ich auch etwas »infrage stellen« und so aus einer Gewohnheit oder einer Selbstverständlichkeit heraustreten, um etwas zu verändern, etwas Neues zu kreieren. Gute Fragen in einem Gespräch können uns dem anderen näherbringen. Du willst dein Mindset verändern? Dann nutze die Fragen am Ende von jedem Kapitel in diesem Buch. Diese Fragen haben die Kraft, alte Krusten in deinem Weltbild, deinem Mindset zu sprengen und dir neue Perspektiven zu eröffnen, wenn du eine Zeit lang mit ihnen schwanger gehst und sie in deinem System wirken lässt.

Mir geht es im Folgenden um die erstgenannte unentdeckte, geheime Kraft, die du für dich nutzen kannst: die Kraft des bewussten Auswählens. Denn oft stehen wir dem Auswählen beziehungsweise dem Treffen von Entscheidungen zwiespältig gegenüber. Wir wollen einerseits als mündige Erwachsene natürlich gerne die Wahl haben und unsere eigenen Entscheidungen treffen, statt Vorgaben von außen zu bekommen, die wir befolgen müssen. Auf der anderen Seite gibt es aber einen Teil in uns, der zwar gerne die Freiheit der Wahl hat, aber die Verantwortung, die mit dem Entscheiden untrennbar einhergeht, vermeiden will. Dieses Dilemma, Freiheit: ja – Verantwortung: nein, führt in der Regel dazu, dass wir unsere Kraft der Entscheidung ins Unbewusste verdrängen. Die transformative Kraft von Entscheidungen und bewusstem Auswählen verschenken wir auf diese Weise dann ganz leichtfertig. Die Folge: Unser Leben wird unwirksam und kraftlos – wir werden zum Opfer der Umstände. Es gibt aber glücklicherweise Wege, die dir helfen die Kraft des Auswählens wieder zurückzugewinnen und dein Selbstbewusstsein zu stärken und für dich Klarheit zu gewinnen, was wirklich gut für dich ist und was du wirklich willst.

Bewusstes versus unbewusstes Auswählen

Wir wählen und entscheiden ständig – ohne uns darüber bewusst zu sein. Von dem Moment an, wenn morgens der Wecker klingelt, bis zu dem Moment, wenn wir am Ende des Tages wieder in den Schlaf sinken – also eigentlich die komplette Zeit, in der wir wach sind. Aber sind wir wirklich wach? Wenn wir nämlich tatsächlich wach wären, wären wir uns auch über unsere Entscheidungen bewusst und würden bewusst auswählen. Also, der Wecker klingelt und wir stehen auf – ohne uns darüber bewusst zu sein, dass wir gerade gewählt haben, nämlich aufzustehen, anstatt liegen zu bleiben. Oder wir entscheiden uns, noch ein bisschen liegen zu bleiben – was vielleicht schon eine etwas bewusstere Entscheidung notwendig macht. Spätestens wenn es dann beim Frühstück hektisch wird oder wir im morgendlichen Stau stehen, haben wir dann aber oft wieder vergessen, dass wir selbst die Entscheidung getroffen haben, liegen zu bleiben, und schimpfen vielleicht über den Verkehr oder unsere Arbeitszeiten. Freiheit der Entscheidung: ja – aber keine Verantwortung. Das liegt größtenteils daran, dass wir in unserer Kultur Verantwortung als etwas Negatives betrachten. Wir setzen Verantwortung gleich mit Schuld und wenn wir schuld sind, dann haben wir den »Schwarzen Peter« und können »zur Verantwortung gezogen werden«. Das ist in der Regel unbequem. Da ist es doch viel bequemer, sich als Opfer wahrzunehmen.

So geht es den ganzen Tag weiter. Wir entscheiden unbewusst oder verdrängen einfach, dass wir selbst entschieden haben, damit wir später nicht schuld sind am Ergebnis und uns stattdessen beschweren können über den blöden Chef, die langweilige Arbeit, die langsame Kassiererin, den unachtsamen Partner oder das öde Fernsehprogramm. Nur zu gerne machen sich Menschen automatisch zum Opfer der Umstände. Das geht so weit, dass wir uns vormachen, wir hätten gar keine Wahl, uns für oder gegen etwas in unserem Leben zu entscheiden – schließlich kann ich ja nicht beeinflussen, was im Fernsehen gesendet wird, ich mache ja als Zuschauer nicht das Programm!

Unbewusst zu entscheiden ist die eine Variante, mit der wir diese uns innewohnende Kraft verleugnen. Die andere Variante besteht darin, zu zögern und zu zaudern oder einfach keine Entscheidung zu treffen. Denn eine bewusste Entscheidung zu treffen fällt uns oft schwer. Kennst du das? Vor deiner Nase tun sich verschiedenste Möglichkeiten auf und du hast Schwierigkeiten, zuzugreifen und dich für eine zu entscheiden? Das kann schon bei scheinbar einfachen Entscheidungen wie der Auswahl deines Abendessens aus der Speisekarte im Restaurant passieren – bis hin zu schwerwiegenden Entscheidungen, wie zum Beispiel, welchen Studiengang du belegen oder welchen Beruf du ergreifen sollst.

»

Wenn du nicht bewusst auswählst, wählst du unbewusst – es ist dennoch deine eigene Wahl!

«

Dieser Moment ist spannend und lähmend zugleich. Je länger du die Entscheidung hinauszögerst, desto unerträglicher wird er aber – außer natürlich, du nutzt die Macht der Verdrängung und setzt deine Taubheitsschwelle kurzerhand so hoch, dass du die Spannung nicht mehr fühlst: »Ich spiele erst einmal eine Runde Fortnite oder schau, was auf Facebook los ist.« Damit hoffst du vielleicht auf ein Zeichen oder dass dir jemand anderes die Entscheidung abnimmt oder der Kelch einfach so an dir vorübergeht. Du denkst vielleicht: »Ich muss mich ja noch nicht heute entscheiden!«

Das Dumme ist, in diesem Zwischenraum – oder besser gesagt in diesem Vorraum – deiner Entscheidung passiert nichts. Er ist so etwas Ähnliches wie der Flur in deiner Wohnung – in diesem Raum passiert nichts! Rein gar nichts! Es ist der Raum, in dem du vielleicht deine Schuhe anziehst, deinen Schlüssel greifst und dich fertig machst, um loszugehen in den nächsten Raum. In dem Vorraum deiner Entscheidungen ist es weder gemütlich noch warm noch ist der Raum dazu gedacht, sich länger dort aufzuhalten. Es ist ein toter Raum, der nur dem Übergang dient. Nichtsdestotrotz gibt es Menschen, die diesen Raum zu ihrem Zuhause gemacht haben, die sich hier häuslich eingerichtet haben, im Treppenhaus der Unentschlossenheit oder im Wartezimmer des Lebens. Die Psychologie spricht von Prokrastination. Umgangssprachlich wäre Aufschieberitis wohl das passende Wort. Menschen lieben diesen Raum, genau weil dort NICHTS passiert und ihnen dort daher vermeintlich nichts passieren kann. Gleichzeitig träumen sie davon, wo sie als Nächstes hingehen könnten.

Sich nicht zu entscheiden ist wie tief einzuatmen und dann den Atem anzuhalten. Das fühlt sich eine Zeit lang ganz gut an: Vor dir alle Möglichkeiten dieser Welt, wow, du müsstest nur zugreifen! Aber du tust es nicht. Und warum? Ganz einfach: Scheiden tut weh!

Möglichkeiten ade – (ent-)scheiden tut weh!

Scheiden tut weh – das sagt uns schon das Kinderlied. Genauso ist es beim Entscheiden, denn jede Entscheidung bringt einen kleinen Tod mit sich. Was in dem Moment der Entscheidung stirbt, sind all die anderen Möglichkeiten, all die anderen Alternativen, gegen die du dich in diesem Moment entscheidest. In dem Moment, wo ich mich beispielsweise entscheide, in einem freien Beruf als Selbstständiger zu arbeiten, kann ich nicht mehr die Sicherheit einer Arbeit im öffentlichen Dienst für mich in Anspruch nehmen. Auch wenn ich nie im Staatsdienst gearbeitet habe, im Moment der Entscheidung droht der Verlust und damit ist dieser Abschied mit Schmerz verbunden. Es ist der Preis, den du bei jeder Entscheidung bezahlst. Jede Entscheidung, wirklich jede Entscheidung hat ihren verdammten, individuellen Preis. Es entstehen unter anderem folgende unsichtbare Kosten:

- Die abgewählten Alternativen stehen dir dann erst mal nicht mehr zur Verfügung,
- Du musst mit den Konsequenzen der Entscheidung leben,
- Du kannst dich nicht mehr als Opfer darstellen,

- Du kannst niemand anderen mehr für deine Situation beschuldigen,
- Du beziehst Stellung und wirst sichtbar,
- Du trittst in Aktion und musst Abschied nehmen vom bisherigen Status quo,
- Du bekommst Feedback – von deinem Umfeld oder in Form von Resultaten,
- Du wirst Resultate erzielen, von denen du noch nicht weißt, ob sie dir gefallen werden,
- Du musst Unsicherheit aushalten, denn du weißt noch nicht, ob deine Entscheidung zu den gewünschten Resultaten führt.

Manchmal glaubst du vielleicht, du könntest diesen Preis umgehen und den Schmerz des Abschieds vermeiden, indem du dich einfach nicht entscheidest. So bleiben dir alle Möglichkeiten offen – das redest du dir jedenfalls ein und zahlst damit, ohne es zu merken, einen viel höheren Preis. Um es krass auszudrücken: Du zahlst mit deinem Leben und deinen Möglichkeiten! Denn anstatt eine der Möglichkeiten durch deine Entscheidung zum Leben zu erwecken, erweckst du keine einzige zum Leben. Gleichzeitig belügst du dich dabei selbst, denn in Wirklichkeit ist Nicht-Entscheiden ebenfalls eine Entscheidung. Aber eben meist eine unbewusste und meist auch die schlechteste Entscheidungsalternative.

Bewusste Entscheidungen zu treffen ist hingegen ein fortlaufender aktiver Akt des schöpferischen Gestaltens eines initiierten Erwachsenen (vielleicht musst du diesen Satz mehrmals lesen, bis er bei dir ankommt). Ein echter Erwachsener ist bereit, den vollen Preis für seine Entscheidungen zu bezahlen.

Nicht-Entscheiden ist auch eine Entscheidung!

Die Gründe, warum du Entscheidungen manchmal vor dir herschiebst, können mannigfaltig sein. Aber sie haben fast immer mit Angst zu tun. Hier ist eine kleine Auswahl:

- Du hast Angst, einen Fehler zu machen, also die falsche Entscheidung zu treffen,
- Du willst keine Verantwortung übernehmen, nicht schuld am Ergebnis sein,
- Du glaubst, du weißt noch zu wenig und hast noch nicht genügend Informationen, um eine Entscheidung zu treffen,
- Du glaubst noch an das Konzept von Sicherheit und Garantie und wartest, bis du ganz sicher bist (siehe Hürde #1, Seite 21),
- Du hast Angst dich zu verpflichten, dich festzulegen oder in Abhängigkeit zu geraten,
- Du hast Angst, gefangen zu sein in deiner Entscheidung – für immer und ewig!!

Welche sind deine Lieblingsgründe? Die genannten Gründe sind total nachvollziehbar und bestens bekannt, denn wir leben in einer Gesellschaft, die Sicherheit als einen ihrer höchsten Werte propagiert. Auf der Showseite zeigt sich unsere Gesellschaft zwar gerne als eine Gemeinschaft von Menschen, die ihre Individualität, ihre gegenseitige Toleranz, ihre Innovationskraft und ihre kulturelle Vielfalt ermöglicht, tatsächlich leben aber ganze Branchen davon, dass Menschen vermeintlicher Sicherheit hinterherjagen. Auch die aktuelle Coronakrise zeigt, wie stark die Menschen der Sicherheit nachjagen. Sicherheit steht scheinbar über allem. Doch Sicherheit ist eine Illusion! Der einzige Gewinn, den du hast, wenn du dich in deinem Leben nicht wirklich für etwas entscheidest, liegt darin, die Angst vor der Unsicherheit des Eintritts der gewünschten Ergebnisse nicht fühlen zu müssen. Natürlich kannst du dich dann auch viel besser als Opfer der Umstände ausgeben. Sonst gibt es aber keinerlei Nutzen! Da stellt sich doch die Frage, ob es das wert ist, diesen kleinen Zugewinn an Bequemlichkeit mit einem unendlich großen Verlust an Möglichkeiten zu bezahlen.

Die Magie und Kraft der Entscheidung

Nun habe ich eine Erkenntnis für dich, die wirklich magisch ist: Es braucht immer ein bisschen Wut, um eine Entscheidung zu treffen. Du hast richtig gelesen, es handelt sich nicht um einen Tippfehler – es heißt tatsächlich Wut, nicht Mut. In jedem Heldenepos wird der Mut der Helden besungen, kaum ein Kinofilm, der nicht von einem mutigen Hauptakteur erzählt – doch im wirklichen Leben, da ist es mit Mut so eine Sache. Du brauchst natürlich auch Mut, um eine Entscheidung dann in die Tat umzusetzen. Vielleicht kennst du dieses Zitat von Eleanor Roosevelt:

Mut ist nicht die Abwesenheit von Angst, sondern die Entscheidung, dass es etwas Wichtigeres gibt als die Angst. Die Tapferen leben vielleicht nicht ewig, aber die Zögernden leben überhaupt nicht.

Eleanor Roosevelt, ehemalige US-amerikanische
First Lady und Menschenrechtsaktivistin

Ehrlich gesagt, habe ich das Wort Entscheidung in das Zitat hineingeschmuggelt, weil ich es tatsächlich so empfinde. Mut ist immer eine bewusste Entscheidung! Wenn wir es schaffen, uns für etwas zu entscheiden und dann loszulegen, dann sind wir mutig. Denn wir akzeptieren für uns auch die Angst des Scheiterns. Wir erkennen ein Risiko und gehen trotzdem ins Neuland. Das Problem ist, dass man nicht einfach mal mutig sein kann. Das gilt besonders, wenn man sein Gehirn daran gewöhnt hat, vorsichtig, ängstlich und zögerlich zu sein. Dann braucht es zunächst einen Energieschub, der uns aus der Komfortzone herauskatapultiert, und genau dafür eignen sich die Wut und die Wut-Kraft hervorragend. Statt mutig sein zu wollen, empfehle ich dir, deine Wut zu nutzen. Für eine Entscheidung, für deine Berufung, für dein Ding brauchst du Zugang zu deiner Wut-Kraft.

Das mit der Wut wird klarer, wenn wir das Wort Entscheidung mal genauer betrachten. Entscheidung heißt bildlich gesprochen, dein Schwert aus der Scheide zu ziehen, um etwas bewusst abzuschneiden, etwas zu trennen. Das trifft auch für das englische Wort »Decision« zu. Es stammt vom lateinischen »decaedere«, was so viel heißt wie abschneiden. Beim Entscheiden handelt es sich also um einen bewussten, man könnte sogar sagen einen gewaltsamen Akt (= Wut), bei dem du mit deinem Schwert der Klarheit die gewählte Alternative aus dem Meer der Möglichkeiten heraustrennst. Zack! Durch diesen bewussten Akt entstehen Kraft und Energie, welche der gewählten Alternative dann voll und ganz zur Verfügung stehen. Es ist wie ein Befreiungsschlag oder auch wie eine Geburt. Die Kraft, die vorher noch auf alle möglichen Alternativen verteilt war, ist jetzt auf die gewählte Alternative konzentriert. Indem du die anderen Alternativen sterben lässt, erweckst du die gewählte Alternative erst vollständig zum Leben! Das ist die Magie der Entscheidung! Entscheidung erweckt den nächsten Schritt zum Leben. Das ist die geheime Kraft, die im Wählen, im Entscheiden steckt – und diese Kraft wird durch das bewusst genutzte Gefühl Wut aktiviert.

Wie kann also Wut helfen? Wie setzt sie diese Magie in Kraft? Ich habe es selbst einmal sehr eindrücklich erlebt. Ich hatte seit meiner Kindheit den Traum, Tänzerin zu werden. Es war ein sehr, sehr kraftvoller Wunschtraum. Diese Vision hat mich meine ganze Kindheit und Jugend begleitet. Meiner Erziehung folgend habe ich diesen Wunsch auf meinem Berufsweg aber irgendwann vergessen. Als ich einunddreißig Jahre alt war, saß ich eines Abends im Kino und sah den Film »Billy Elliot – I will dance«! Der Film handelt von einem Jungen, der das Geld, das ihm sein Vater für den Boxunterricht gibt, lieber heimlich in Ballettunterricht investiert. Er entdeckt seine Leidenschaft und sein Talent für das Tanzen und wird gegen alle Konventionen, Zwänge und Vorurteile seines männlich geprägten Umfelds am Ende ein erfolgreicher und glücklicher Balletttänzer. Ich saß an diesem Abend zweieinhalb Stunden vor der Leinwand und weinte bitterlich. Auf dem Weg nach Hause weinte ich immer noch und auch noch die ganze Nacht. Der Film hatte meinen alten Kindheitstraum, Tänzerin zu werden, in mir wachgerüttelt, und mir wurde klar: Ich hatte diesen Traum nie wirklich verabschiedet und beerdigt. Ich hatte mich noch nicht bewusst dagegen entschieden. Ein Teil meiner Aufmerksamkeit, Energie und Lebenskraft war unbewusst immer noch in diesem Traum gebunden. Ein unbewusster Teil von mir wollte auch mit einunddreißig Jahren noch Tänzerin werden.

»

Um dein Leben zu verändern, bedarf es lediglich deiner Entscheidung!

«

Ich wollte mich nun aber bewusst von diesem alten Traum befreien und nutzte dazu meine Wut. Ich führte ein kleines Ritual durch, bei dem ich mich ganz offiziell von diesem Traum verabschiedete. Mit der Wut-Kraft meiner inneren Kriegerin sagte ich zu mir selbst: »Es ist Zeit, Abschied zu nehmen. Ich habe diesen Traum lange genug in mir getragen. Damit ist hier und jetzt Schluss!« Das Bild, das ich bei diesem Ritual vor mir sah, war ein großer Baum, der einen mächtigen Seitentrieb entwickelt hatte. Dieser Seitentrieb war ein Sinnbild für meinen immer noch aktiven Tänzerinnentraum. Dann sah ich mich mit dem Schwert in der Hand, wie ich diesen Seitenast mit meiner Wut-Kraft und einem klaren Hieb abtrennte. Zack! Dies hatte zur Folge, dass die bis dahin in dem Seitenast (also dem Traum) gebundene Lebensenergie ab diesem Zeitpunkt dem Hauptstamm des Baumes (also meinem aktiven Leben) zur Verfügung stand. Was danach passierte, kann ich bis heute kaum glauben. Nach langen Jahren des Zweifelns und zögerlichen Suchens fand ich kurze Zeit später meine Berufung – nämlich die als Trainerin und Coach. Durch das bewusste Abschiednehmen und Aufgeben des alten Traumes machte ich den Weg frei für meinen nächsten Schritt. Das ist die Magie der Entscheidung. Entscheidung erweckt den nächsten Schritt zum Leben. Egal, ob du dich für oder gegen etwas entscheidest.

Die eigene Berufung zum Leben erwecken

Aber was hat mein angepasster Lebensweg bis zum Alter von einunddreißig Jahren mit deiner Berufung zu tun und damit, dein Ding zu entdecken und zu machen? Das Beispiel aus meinem Leben führt indirekt schon in die richtige Richtung. Ich folgte lange Jahre einer wenig hilfreichen Strategie, ohne es zu bemerken. Wie die meisten meiner Klienten habe ich lange außerhalb von mir nach Hinweisen gesucht, worin meine Berufung liegen könnte. Ich habe eine ganze Klaviatur dazu durchgespielt. Ich habe die Astrologie zurate gezogen und über mein Geburtshoroskop versucht, meine Berufung zu entdecken. Dann habe ich meine Hoffnungen auf spirituelle Seher gelegt und medial begabte Berater aufgesucht und gefragt, was meine Berufung sei. Die Antworten waren zwar sehr interessant und auch schön zu hören, sie haben mich aber immer noch nicht dazu gebracht, eine Entscheidung zu treffen. Dabei blieb es nicht. Ich gebe offen zu, dass es kaum etwas gab, das ich nicht versucht habe – Numerologie, Human Design, Schamanen, Hellseher auf der einen Seite und psychologische Stärken- und Schwächentests, Persönlichkeitsdiagnosen, Denkstilmodelle und Charakteranalysen auf der anderen Seite. Mal mehr, mal weniger wissenschaftlich fundiert. Es war unglaublich interessant und gleichzeitig nur bedingt hilfreich. Ich habe auch von Menschen gehört und gelesen, die bis nach Indien fahren, um dort in einer Palmblattbibliothek Klarheit über ihre Berufung zu erlangen. Aber irgendwann wurde mir dann klar: Das, wonach ich eigentlich suchte, war Sicherheit – ich wollte keinen Fehler machen. Nicht, dass ich mich für etwas entscheide und dann nach langen Jahren feststelle, dass ich einer falschen Spur gefolgt bin! Das wäre doch eine Katastrophe, eine Vergeudung kostbarer Lebenszeit! Diese Sicherheit habe ich dann im Außen gesucht und die Verantwortung für meine Berufung an externe Autoritäten abgegeben. Andere sollten mir sagen, worin meine Berufung besteht. Dann hätte ich in Sicherheit und ohne das Risiko einer Fehlentscheidung endlich losgehen können. Das habe ich mir zumindest eingeredet. Wie du dir denken kannst, ist das nie passiert, denn Sicherheit ist eine Illusion. Keine externe Macht – egal ob Eltern, Lehrer, Berufsberater, Schamane, Hellseher oder Medium – kann dir sagen, worin deine Berufung besteht, und dir schon gar nicht die Entscheidung abnehmen, den Weg deiner Berufung auch zu gehen. Das ist auch logisch, denn es soll ja dein Ding sein und nicht das Ding deiner Eltern oder eines wie auch immer gearteten Testverfahrens.

Um deine Berufung zum Leben zu erwecken, bedarf es daher bewusster Entscheidungen deinerseits. Du kannst suchen und suchen und suchen – und das Suchen zu deinem Lebenszweck werden lassen. Ohne Entscheidung wird nichts weitergehen und du suchst und zweifelst bis an dein Lebensende, anstatt dein Ding zu machen. Eine Sache ist an dieser Stelle enorm wichtig und ich möchte dir das ganz klar verdeutlichen: Du kannst dich auch dagegen entscheiden, dein Ding zu machen. Dein Weg muss nicht darin bestehen, etwas ganz Ungewöhnliches zu machen. Du kannst dich auch dafür entscheiden, dass der Job, den du gerade machst, genau dein Ding ist. Es ist dabei auch vollkommen egal, ob du zu deinem Job durch Zufall oder Anraten deiner Eltern gekommen bist. Wichtig ist nur deine Entscheidung, und zwar deine bewusste Entscheidung. Es geht darum, mit dem ewigen Suchen, Zweifeln und Jammern aufzuhören, indem du eine bewusste Entscheidung triffst und anfängst zu dem zu stehen, was du tust.

Es ist deine Entscheidung und egal, wie du dich entscheidest – jede Entscheidung ist grundsätzlich okay. Aber ohne Entscheidung bleibst du im Flur oder im Vorraum sitzen. Die ganze Zeit über ernährst du dich von der Hoffnung, dass du es irgendwann herausfinden wirst und dann ganz sicher bist. Haha! Auf dem Weg zu meiner Berufung, zu dem Job, den ich von Herzen als mein Ding bezeichnen kann, musste ich mehrmals solche bewussten Entscheidungen treffen – die Entscheidung gegen einen Berufsweg als Tänzerin war nur eine davon. Nachdem ich mein Angestelltenverhältnis gekündigt hatte, habe ich eine Trainerausbildung bei einer Unternehmensberatung gemacht, die auf der Suche nach freiberuflichen Trainern war. Als ich dann meine ersten Trainingsaufträge in Unternehmen durchführte, hatte ich das Gefühl, in meiner Berufung angekommen zu sein. Ja, genau so sollte es sich anfühlen. Aber gleichzeitig nagten Selbstzweifel an mir, ob ich das wirklich kann – Trainerin sein. Wie konnte ich beispielsweise Verkäufern das Verkaufen beibringen, wo ich doch selbst noch nie Verkäuferin war? Das war die Geschichte, die ich in mir trug. Ich litt unter dem sogenannten Impostor-Syndrom – auf Deutsch: Hochstapler-Syndrom. Obwohl ich eine Trainerausbildung durchlaufen hatte und die Feedbacks meiner Teilnehmer immer positiv waren, gab es einen Teil in mir, der davon überzeugt war, dass ich nicht gut genug sei und dass die Teilnehmer irgendwann herausfinden würden, dass ich eine Hochstaplerin bin. Zwei Jahre lang überschattete diese innere Überzeugung meine neue Tätigkeit, die für mich zur Berufung geworden war. In dieser Zeit wurde ich auch immer wieder von Teilnehmern gefragt, ob ich denn schon selbst einmal etwas verkauft hätte. Mein innerer Zweifel wurde mir immer wieder im Außen aufgetischt. Nach zwei Jahren hatte ich dann endgültig die Nase voll davon. Meine Wut ließ mich dann handeln. Nicht Mut, sondern es war ebenfalls wieder die Wut-Kraft, die mich auf die nächste Ebene katapultierte. Eines Samstagnachmittags holte ich die Ordner mit allen Feedbackbögen aus dem Schrank, die ich in den ersten zwei Jahren meiner Trainertätigkeit gesammelt hatte. Die Feedbacks waren, wie gesagt, durchgehend gut – meist Einsen oder Zweien, vereinzelt war auch einmal eine Drei dabei. Ich legte die ungefähr zweihundert Bögen in unserem Wohnzimmer auf dem Boden aus und setzte mich in die Mitte. Ich sagte zu mir selbst: »Patrizia, es ist Zeit, eine Entscheidung zu treffen! Entweder du unterstellst weiterhin all diesen Menschen, dass sie dich angelogen und dir eine Gefälligkeitsbewertung gegeben haben, um dich nicht zu verletzen, oder du entscheidest dich hier und jetzt dafür, dass du eine gute Trainerin bist und dass es Teil deiner Berufung ist, Trainerin zu sein. Das heißt nicht, dass deine Trainings immer jedem gefallen müssen.«

Ich bin jetzt seit zwanzig Jahren Trainerin und Coach – also muss ich wohl nicht erwähnen, wofür ich mich seinerzeit bewusst entschieden habe. Diese bewusste Entscheidung gegenüber den eigenen inneren Kritikern, dass ich auch wirklich gut bin, wenn die Teilnehmer mich so bewerten, hat einen unglaublichen Unterschied gemacht. Ich habe mich in dem Moment selbst ermächtigt und meine Zweifel in die Schranken gewiesen. Der Schatten des Zweifels war gewichen und ich konnte ab dem Zeitpunkt voller Begeisterung meiner Berufung nachgehen. Interessanterweise fragte mich danach nie wieder ein Teilnehmer, ob ich überhaupt schon einmal etwas verkauft hätte.

Solange du dich nicht verpflichtest, wirst du unschlüssig sein und zögern, immer ein Hintertürchen offen, immer uneffektiv. Wenn es um Initiative und Kreativität geht, gibt es eine grundlegende Wahrheit, die, wenn man sie nicht beachtet, unzählige Ideen und großartige Pläne tötet: dass in dem Moment, in dem du dich mit deinem ganzen Sein einer Sache verpflichtest, dir das Universum einen Schritt entgegenkommt. Alle möglichen Umstände scheinen dir dann zu Hilfe zu eilen, die es sonst nie gegeben hätte. Eine Flut von Ereignissen entspringt plötzlich deiner Entscheidung, die alle möglichen Zufälle in unglaublicher Weise zu deinen Gunsten wendet. Wie Goethe schon sagte: Was auch immer du in der Lage bist zu tun, oder davon träumst zu tun, fang damit an. Kühnheit birgt Genialität, Kraft und Magie in sich. Fange jetzt damit an.

W. H. Murray, schottischer Bergsteiger und Schriftsteller

Bei diesem Zitat bekomme ich jedes Mal Gänsehaut. Es ist also deine bewusste Entscheidung, mit der du deine Berufung zum Leben erweckst. Der Ruf kommt nicht von außen, sondern von innen. Du bist derjenige, der die Entscheidung treffen muss, diesem Ruf zu folgen oder eben auch nicht. Du kannst dir ein gewisses Maß an innerer Sicherheit verschaffen, indem du möglichst viel über dich selbst herausfindest. Was sind deine Talente? Was sind deine Leidenschaften? Wofür brennst du? Was motiviert dich? Was demotiviert dich? Worüber empfindest du Wut, Traurigkeit, Angst oder Freude, wenn du in die Welt schaust? Verabschiede dich aber von dem Gedanken, dass so etwas wie hundertprozentige Sicherheit existiert. Vor allem, dass du eine Entscheidung erst dann treffen kannst, wenn du ganz, ganz sicher bist. Das ist nichts anderes als eine Strategie der Angstvermeidung. Du kannst auch eine Entscheidung treffen, ohne ganz sicher zu sein. Dazu brauchst du neben deiner Wut-Kraft auch den Zugang zu deiner Angst (siehe Hürde #4, ab Seite 75), denn deine Entscheidung führt dich auf neues Terrain. Auf neuem Terrain ist Angst zudem nicht nur unvermeidlich, sondern sogar ungemein nützlich. Denn deine Angst lässt dich wach und kreativ sein, um dieses neue Terrain zu meistern. Sie hilft dir, vorsichtig und neugierig zugleich in neue Welten vorzustoßen.

Das Geheimnis

Eine Entscheidung gilt nicht für ein ganzes Leben – außer du willst und entscheidest das! Du kannst dich in jedem Moment neu entscheiden! Im Grunde triffst du jeden Moment Entscheidungen, ohne es zu bemerken. Jede kleine Bewegung, jeder Schritt, jeder Blick bedarf deiner Entscheidung. Auch wenn im Moment der Entscheidung die übrigen Alternativen nicht mehr zur Verfügung stehen, tun sich schon im nächsten Moment nach deiner Entscheidung wieder neue Möglichkeiten auf. Wenn dir das bewusst wird, gibt es keinen Grund mehr, dein Leben im Treppenhaus der Unentschlossenheit zu verbringen, während gleich vor deiner Tür das pulsierende abenteuerliche Leben auf dich wartet!

Die eigene Berufung zu leben ist kein Endzustand, den wir irgendwann erreichen und dann glücklich sind, sondern ein ständiges Neu-Erschaffen aus dem Nichts, dem Unbekannten heraus. Ein Sich-zur-Verfügung-Stellen für etwas Größeres, das durch dich in diese Welt kommt. Du erinnerst dich an den schwierigen Satz von vorhin? Bewusste Entscheidungen zu treffen, ist der fortlaufende aktive Akt des schöpferischen Gestaltens eines initiierten Erwachsenen. Dies gilt ebenfalls in Bezug auf deine Berufung.

Mach dir Folgendes bewusst: Deine Berufung ist ein Job, den dir niemand kündigen kann. Deine Talente und Fertigkeiten sind Werte, die dir niemand wegnehmen kann und die auch nicht an Wert verlieren. Werte, auf die du vertrauen kannst, statt im Außen nach vermeintlicher Sicherheit zu suchen.

So machst du dir den Weg frei!

Du hörst auf, im Außen nach Sicherheit zu suchen und deine Kraft dafür an externe Autoritäten abzugeben. Du machst dir bewusst und akzeptierst, dass Sicherheit eine Illusion ist. Du entscheidest dich bewusst dafür, aufzuhören, dieser Illusion dein Leben zu opfern. Du erkennst an, dass du die einzige Autorität in deinem Leben bist, und nutzt deine dir innewohnenden Kräfte, um dein Leben aktiv zu gestalten. Du triffst bewusste Entscheidungen, um deine Berufung zum Leben zu erwecken, und bist bereit, den Preis für diese Entscheidungen zu bezahlen. Du bist bereit, die Unsicherheit des Neuen auszuhalten und die Verantwortung für die Resultate zu übernehmen. Du erlaubst dir, Fehler zu machen und aus diesen zu lernen.

Mind-Changer-Fragen

Welche Entscheidungen schiebst du immer noch vor dir her, weil du noch nicht ganz sicher bist?

Welchen scheinbaren Nutzen ziehst du daraus, keine Entscheidung zu treffen?

Was ist der Preis, den du persönlich dafür bezahlst, wenn du dich nicht entscheidest?

Was kostet es dich, dich sicher zu fühlen? Was hast du dafür aufgegeben?

Hürde #7

Du glaubst, dass Vertrauen etwas ist, das langsam wächst

Viele Menschen glauben, dass Vertrauen etwas ist, das langsam und durch Erfolgserlebnisse entsteht und wächst. Wie ein kleines Pflänzchen, das nur wachsen kann, wenn der Boden nährstoffreich ist und die Umstände günstig sind. Wir lernen jemanden kennen und entwickeln peu à peu Vertrauen, wenn wir mit dieser Person im Laufe der Zeit positive Erfahrungen machen und wenn sich diese Person durch ein bestimmtes Verhalten unser Vertrauen verdient. Wenn wir aber genau hinschauen, stimmt das nicht ganz. Vertrauen ist nichts, was sich langsam entwickelt und wächst. Vertrauen ist im Grunde eine Entscheidung! Genauso wie Mut eine Entscheidung ist. Wir verschieben nur den Zeitpunkt für diese Entscheidung so lange auf, bis wir genügend Beweise gesammelt haben, dass wir der anderen Person oder den Umständen vertrauen können. Dennoch bedarf es immer einer Entscheidung unsererseits. Und auch diese Entscheidung kann bewusst oder unbewusst getroffen werden. Meist treffen wir sie allerdings unbewusst oder auch überhaupt nicht, was die Annahme in uns verstärkt, dass Vertrauen etwas ist, das sich langsam entwickelt. So haben wir die Vorstellung, dass Vertrauen einfach irgendwann da ist oder wir weiter misstrauisch und auf der Hut bleiben. Ist dann endlich Vertrauen vorhanden, liegen aus dieser gewöhnlichen Perspektive die Gründe dafür mehr im Verhalten des Gegenübers oder bei den Umständen als bei uns selbst. Dies könnte eine Annahme sein, mit der du dir wieder selbst im Weg stehst und dir unendlich viele Möglichkeiten verbaust. Auch in diesem Falle gibst du nämlich deine Handlungs- und Entscheidungsmacht zu einem großen Teil an andere oder die Umstände ab, was dich im schlimmsten Falle kraftlos, ohnmächtig und abhängig werden lässt. In Bezug auf deine Berufung kann dich diese Vorstellung dazu verführen, so lange mit der Umsetzung zu warten, bis du genügend Beweise dafür gesammelt hast, dass die Umstände wirklich passen. Es kann sein, dass das sehr lange dauert oder vielleicht sogar niemals eintritt.

Vertrauen ist eine Entscheidung!

Wenn wir davon ausgehen, dass Vertrauen eine Entscheidung ist, können wir uns jederzeit bewusst für Vertrauen entscheiden und müssen nicht erst abwarten, bis es genügend Beweise gibt. Aber ob das so klug ist? Es gibt ja schließlich auch gute Gründe für unser Misstrauen oder Zögern. Oft genug sind wir verletzt, enttäuscht, gedemütigt oder verlassen worden, wenn wir zu sehr vertraut haben. Auf der anderen Seite ist Vertrauen auch die Voraussetzung für wundervolle Erfahrungen und Entwicklung. In Beziehungen – seien sie beruflich oder privat – schafft Vertrauen eine Atmosphäre von Nähe und Verbindung bis hin zu Liebe. Echte Hingabe ist nur durch Vertrauen möglich. Aber auch um das eigene Potenzial und die eigene Berufung voll zu leben, braucht es Vertrauen. Vertrauen macht es möglich, dass wir Neuland betreten und vieles mehr. Wie können wir also diesen Spagat meistern?

Eine Möglichkeit wäre, dass du ab jetzt die Entscheidung triffst, einfach allem und jedem zu vertrauen. Diese Methode ist im Allgemeinen bekannt als »positives Denken«. »Alles wird gut«, heißt dabei die Devise. Du musst es dir nur oft genug einreden und vor dem Spiegel wiederholen: »Ich habe Vertrauen! Alles wird gut werden!« Das Ergebnis daraus ist allerdings nicht Vertrauen, sondern in den meisten Fällen Naivität – und da gibt es einen himmelweiten Unterschied, wie folgende Unterscheidung zeigt:

Naivität	Vertrauen
Ist blind, will nicht hinschauen	Basiert auf Selbstvertrauen
Blauäugigkeit	Offenheit
Kindlich	Ist eine bewusste erwachsene Entscheidung
Alles wird gut (im Sinne von »Ich muss nichts tun«)	Ist ein universelles Prinzip
Ich muss keine Verantwortung übernehmen, eine höhere Macht wird es schon richten	Ist gelebte Verantwortung – ich achte auf mich und meine Grenzen
Positiv denken, Dinge schönreden	Mut, sich (selbst) trauen
Einen Teil der Realität ausblenden/verleugnen (zum Beispiel nur an das Gute im Menschen glauben)	In Verbindung sein mit mir, mit anderen, mit dem Umfeld
Sich dumm stellen	Dienst an mir selbst und an anderen
Den Kopf in den Sand stecken	Erschafft Möglichkeiten
Unerfahrenheit	Lässt Nähe entstehen
Die Augen zuhalten und hoffen, dass man so nicht gesehen wird	Durch Erfahrung lernen und sich entwickeln
Angst, Wut und Traurigkeit nicht fühlen wollen	Angst, Wut und Traurigkeit verantwortlich nutzen

Naivität ist unverantwortliches Vertrauen

Wenn du naiv bist, gibst du die Verantwortung für das Ergebnis einfach ab – an Gott, das Universum, an externe Autoritäten, die Umstände oder dein Gegenüber. Alles wird gut – und du musst nichts dafür tun. »Die höhere Macht« sorgt schon dafür! Du blendest dabei einen Teil der Realität einfach aus. Menschen sind aber nicht nur gut – jeder Mensch hat eine Schattenseite, die ihn zu allen möglichen Schandtaten verleiten kann. Auch die Vorstellung, dass wir alles gleichzeitig haben können, ohne Konsequenzen zu erzeugen, ist naiv, kindlich und vermeidet Verantwortung. Hier ein paar Beispiele von kollektiver und persönlicher Naivität:

- Die Vorstellung, dass du deine Berufung leben kannst, ohne deine Komfortzone zu verlassen,
- Die Vorstellung, dass du erwachsen wirst, einfach dadurch, dass du volljährig wirst,
- Die Vorstellung, dass du Billigartikel konsumieren kannst, ohne dass irgendwo auf der Welt Menschen oder die Umwelt darunter leiden müssen,
- Die Vorstellung, dass Vater Staat für dich sorgen wird, ohne dass du einen Preis dafür bezahlen musst,
- Die Vorstellung, dass die Mainstream-Medien dir ein differenziertes Bild von dem vermitteln, was wirklich auf der Welt passiert,
- Die Vorstellung, dass Müll verschwindet, sobald du ihn in die Mülltonne geworfen hast.

Naivität ist eine kindliche, unverantwortliche Version von Vertrauen. Sie stellt also keine besonders gute Alternative zu unserer erlernten Strategie dar, die Entscheidung für Vertrauen so lange zu verschieben, bis das Verhalten unseres Gegenübers oder die Umstände unseren überzogenen Sicherheitsbedürfnissen entsprechen. Beides – also sowohl Naivität als auch Misstrauen – sind übrigens Manöver unserer Box, unseres Überlebensmechanismus, um uns vermeintlich sicher zu fühlen und in unserer Komfortzone zu bleiben. Wie können wir also echtes, erwachsenes Vertrauen entwickeln, das uns den Zugang zu den oben genannten Möglichkeiten freigibt?

Selbstvertrauen ist die eigentliche Basis für authentisches Vertrauen

Es gibt ein paar Voraussetzungen für verantwortliches, erwachsenes Vertrauen. Das Wort Vertrauen geht auf das gotische Wort »trauan« zurück, was so viel bedeutet wie »stark« oder »fest«. Man könnte Vertrauen auch als den Zustand zwischen Wissen und Nichtwissen bezeichnen. Vertrauen heißt in diesem Sinne: in Aktion und handlungsfähig zu bleiben, auch wenn wir den Ausgang einer Situation nicht vorhersehen können. Vertrauen zu haben bedeutet auch »sich etwas zu trauen« – und hier spielt das SICH eine tragende Bedeutung. Es geht also gar nicht darum, dass der andere sich auf eine bestimmte Art und Weise verhalten oder eine Situation bestimmte Bedingungen erfüllen muss, sondern darum, sich selbst und die eigenen Fähigkeiten zu kennen und der eigenen Kraft zu vertrauen. Dann könnte ich nämlich jederzeit dem anderen eine Grenze setzen oder Stopp sagen, wenn das Verhalten meines Gegenübers für mich nicht tragbar ist. Oder ich könnte die Umstände so verändern und kreieren, dass sie mir die Möglichkeit geben, mein Ding zu machen. Dadurch bekommt auch Misstrauen als Gegenteil von Vertrauen eine andere Bedeutung. Misstrauen würde dann bedeuten, dass du von der Annahme ausgehst, dass du das, was du befürchtest, nicht bewältigen kannst, dass du in der befürchteten Situation nicht auf dich aufpassen kannst. Du vertraust in dem Moment nicht auf deine eigenen Fähigkeiten und deine eigene Kraft. Misstrauen bedeutet im Grunde also nicht, dass du der anderen Person nicht traust, sondern dass du kein Vertrauen in dich selbst hast.

Diese neue Perspektive trägt das Potenzial in sich, das Spiel komplett zu verändern. Es ist eine neue Geschichte über Vertrauen, die dir Kraft gibt, statt dir Kraft zu rauben. Denn wenn du weiterhin wartest, dass der andere oder die Welt sich verändert, damit du vertrauen und loslegen kannst, dann liegt dein Leben in der Hand der anderen. Wenn Vertrauen aber eine Entscheidung ist, die auf der Fähigkeit basiert, deine eigene Autorität zu sein und für dich selbst einzustehen, dann hast du die Möglichkeit, diese Fähigkeit zu entwickeln. Jederzeit. Sie ist ebenfalls Teil des Erwachsenwerdens.

Welche Fähigkeiten braucht es, um deine eigene Autorität zu sein und um dich öfter und schneller für Vertrauen entscheiden zu können?

1. Du brauchst Zugang zu deiner Wut-Kraft

Ja, ich weiß, wir hatten das Thema Wut schon – und zwar mehrfach in diesem Buch. Aber vielleicht wird dir dadurch ja noch klarer, wie wichtig und entscheidend der bewusste Zugang zu deinen Gefühlen ist, um ein aktives Leben im Sinne deiner Berufung zu leben. Wenn du Zugang zu deiner Wut-Kraft hast und in der Lage bist, diese verantwortlich und bewusst zu nutzen, hast du einerseits einen aktiven Detektor, welcher dir jederzeit meldet, wenn jemand deine Grenzen überschreitet oder wenn etwas nicht in Ordnung ist und die Situation brenzlig wird. Im nächsten Schritt verleiht dir deine Wut die Kraft und die Klarheit, Stopp zu sagen, wenn dir etwas zu weit geht, oder eine Grenze zu setzen und »nein« zu sagen, wenn eine Situation für dich nicht in Ordnung ist. Wenn du über deine Wut Zugang zu deinem inneren Krieger oder deiner inneren Kriegerin hast, kannst du jederzeit auf dich selbst aufpassen. So kannst du dich viel öfter für Vertrauen entscheiden als bisher und mutig neue Erfahrungen machen. Du vertraust dann auf deine eigene Kriegerkraft.

2. Du brauchst Zugang zu deiner Angst

Solange Angst für dich ein negatives Gefühl ist, welches du um jeden Preis vermeiden willst, hast du nur die Wahl zwischen Misstrauen und Naivität. Wenn du Zugang zu deiner Angst hast und es für dich in Ordnung ist, Angst zu fühlen, hast du ein klares Navigationssystem für neue Situationen und den Raum zwischen Wissen und Nichtwissen. Genau das ist der Zweck von Angst, dass sie dich informiert, was gerade passiert – auch über das, was mit dem bloßen Auge nicht sichtbar ist. Während Wut das Tor zu Klarheit und Entschlossenheit ist, ist die Angst das Tor zu deiner Intuition. Sie sorgt dafür, dass du auf unbekanntem Gebiet vorsichtig und intuitiv vorgehest – denn in dieser Situation kannst du nicht auf vergangene Erfahrungen zurückgreifen. Wenn du Zugang zu deiner Intuition hast und in der Lage bist, deine Angst bewusst zu nutzen, um Neuland zu entdecken, kannst du dich viel öfter für Vertrauen entscheiden als bisher. Du vertraust dann auf deine eigene Schöpferkraft.

3. Du musst in der Lage sein, schnell zu lernen

Auch die Fähigkeit, schnell zu lernen, öffnet dir den Raum, um dich für Vertrauen entscheiden zu können. Schnelles Lernen bedeutet, dass es für dich in Ordnung sein muss, Fehler zu machen und Feedback zu bekommen. Solange du aber Misserfolg als Scheitern und Feedback als Kritik ansiehst und es deshalb vermeidest, Neues zu versuchen und Feedback zu bekommen, hast du keinen Zugang zur Ressource des schnellen Lernens. Ich selbst bin ein leidenschaftlicher Lerner. Ich lerne so gerne, dass ich das Lernen sogar zu meinem Beruf gemacht habe. Und dennoch musste ich irgendwann feststellen, dass tief in mir eine unbewusste Abneigung gegen das Lernen vorhanden ist. Das war eine unerwartete Entdeckung. Ich konnte aber auch ganz klar sehen, wie diese Abneigung entstanden ist. Es hat mit der Art und Weise zu tun, wie Lernen in unserer jetzigen Kultur vonstatten geht. Die Erfahrungen, die wir dadurch mit dem Lernen machen, verhindern es oft langfristig, dass wir uns voll und ganz auf das Lernen einlassen können.

Lernen bedeutet in unserer Kultur in der Regel, dass wir noch nicht ganz fertig sind, noch nicht gut genug. Das Lernen findet in abgetrennten Institutionen statt, wie der Schule, die uns auf das Leben vorbereiten soll. Lernen ist in unserer heutigen Kultur getrennt vom eigentlichen Leben, also sozusagen vorgelagert – erst müssen wir lernen und dann können wir leben. Die ständige Bewertung, die mit dem Lernen beispielsweise in der Schule verbunden ist (gut/schlecht, bestanden/durchgefallen et cetera), und die Sanktionen, die damit einhergehen (Sitzenbleiben, Strafe, ...), lassen das Lernen zu einem Gewinner-Verlierer-Spiel werden, das auf Konkurrenz basiert und bei dem wir dem Urteil von sogenannten Autoritäten (Lehrer, Professor et cetera) ausgeliefert sind. Kein Wunder also, dass wir froh sind, wenn wir irgendwann mit dem Lernen fertig sind und »ausgelernt« haben. Dieser Zustand wird ständig herbeigesehnt. Wenn wir aber so weit sind, haben wir bereits eine derartige bewusste oder unbewusste Abneigung gegen das Lernen entwickelt, dass wir uns ungern freiwillig in weitere Lernsituationen begeben wollen.

Dies gilt nicht nur für Menschen, die die Schule gehasst haben! Ich selbst habe die Schule geliebt – aber eben nur deswegen, weil ich zu den Gewinnern gehörte! Ich hatte den Vorteil, dass ich mir Wissen schnell aneignen konnte und deshalb das Spiel zu meinen Gunsten nutzen konnte. Dennoch habe ich eine Abneigung gegen Fehlermachen und Feedback entwickelt. Und diese allgemein verbreitete Lernstörung kann uns davon abhalten, unser Ding zu machen und neue Wege zu gehen. Wenn wir unbewusst nicht bereit sind, Fehler zu machen, zu experimentieren, zu scheitern und wieder aufzustehen, wird es uns sehr schwerfallen, uns für Vertrauen zu entscheiden und unsere Zukunft aktiv zu gestalten. Die Welt ist ein riesiger Feedback-Generator. Wenn du dich vertrauensvoll in neues Gebiet begibst und dich von Feedback in Form von »Das funktioniert – mach weiter!« und »Das funktioniert nicht – versuche etwas anderes!« leiten lässt, kannst du dich auf nahezu jede neue Situation einlassen.

Das Geheimnis

Vertrauen ist eine Entscheidung und basiert im Grunde auf Selbst-Vertrauen. Auf der Gewissheit, dass du mit allem, was du gelernt hast und an Talenten und Fähigkeiten besitzt, flexibel und agil auf die Herausforderungen, die das Leben dir stellt, reagieren kannst. Je mehr du in deine eigene Kraft kommst und zum aktiven Schöpfer deines Lebens wirst, desto weniger ist diese Entscheidung abhängig vom Verhalten anderer oder von den Umständen.

Eine entscheidende Rolle spielt dabei die Bereitschaft und die Fähigkeit, schnell zu lernen. Das Lernen ist eine der schönsten und magischsten Fähigkeiten der menschlichen Natur! Jeder, der schon mal einem kleinen Kind dabei zugesehen hat, wie es laufen lernt – mit welcher Leidenschaft, Geduld, Mut, Hartnäckigkeit und Spaß –, weiß, wovon ich spreche. Der Zustand, den wir aufgrund unserer kulturell negativ geprägten Geschichte über das Lernen so sehr herbeisehnen, nämlich fertig und ausgelernt zu sein, ist mal wieder nichts anderes als eine Illusion! Denn in Wirklichkeit gilt die Gleichung: Leben = Lernen! Wirklich lebendig zu sein bedeutet auch, immer weiter zu lernen und sich zu entwickeln. Um zukunftsfähig zu sein und zu bleiben, müssen wir uns also die leidenschaftliche Einstellung zum Lernen, wie wir sie als kleine Kinder mit in die Wiege gelegt bekommen haben, wieder zurückerobern. Mit dieser Lern-Leidenschaft kannst du sofort damit beginnen, dein Ding zu machen, anstatt darauf zu warten, bis du perfekt darin ausgebildet bist.

So machst du dir den Weg frei!

Du machst dir bewusst, dass Vertrauen eine Entscheidung ist, die du jederzeit treffen kannst. Du sorgst dafür, dass du Zugang zu deiner Wut-Kraft bekommst, und lernst, sie bewusst und verantwortlich zu nutzen, um jederzeit auf dich aufzupassen, Grenzen zu setzen oder Nein und Stopp zu sagen. Du sorgst dafür, dass du Zugang zu deiner Angst-Kraft bekommst, und lernst, sie bewusst und verantwortlich dafür zu nutzen, den Raum zwischen Wissen und Nichtwissen zu beschreiten, um dort im Sinne deiner Berufung aktiv zu werden. Du überprüfst deine innere Haltung in Bezug auf Fehlermachen, Feedbackbekommen und Lernen. Du veränderst deine konditionierte Haltung diesbezüglich bewusst dahin gehend, dass Lernen ein essenzieller Bestandteil des Lebens ist und du am schnellsten durch ausprobieren, Fehler machen und Feedback umsetzen weiterkommst. Du hörst damit auf, auf Beweise dafür zu warten, dass dein Gegenüber oder die Umstände sich dein Vertrauen wirklich verdient haben, weil sie deinem kindlichen Sicherheitsbedürfnis entsprechen. Stattdessen vertraust du auf deine dir innewohnende Kriegerkraft, auf deine Schöpferkraft und auf deine Fähigkeit, schnell zu lernen. Mit diesem Vertrauen in dich und deine Kräfte fängst du jetzt damit an, dein Ding zu machen, und erlaubst dir, während der Umsetzung zu lernen und besser zu werden.

Mind-Changer-Fragen

Was sind üblicherweise deine Bedingungen oder Erwartungen, die erfüllt sein müssen, damit du jemandem oder einer Situation vertraust?

Was könntest du alles tun, wenn du auf einem Berg von tausend Prozent Vertrauen sitzen würdest?

Was sind deine tiefen (vielleicht unbewussten) Überzeugungen in Bezug auf das Lernen?

Wie reagierst du auf Kritik oder Feedback von anderen? Vermeidest du Feedback oder bittest du vielleicht sogar darum?

Hast du dir eine Lernumgebung geschaffen, in der du ständig Feedback bekommst, oder eher eine feedbackfreie Zone?

Hast du heute schon etwas Neues gelernt oder hast eine Fähigkeit verfeinert? Schau genau hin, denn Lernen passiert im Leben – ständig –, selbst wenn du dir nicht darüber bewusst bist.

Lässt dich die Angst, nicht gut genug zu sein oder zu versagen, neuen Situationen noch aus dem Weg gehen?

Hürde #8

Du hast deine dunkle Seite noch nicht in Besitz genommen

Es ist wirklich interessant. Jedes Jahr zum Jahreswechsel das gleiche Spiel. Hast du dir etwas vorgenommen? Etwas, was du vielleicht schon lange ändern, aufgeben oder anfangen willst? Aber irgendwie will es einfach nicht klappen. Aber das kommende Jahr ganz bestimmt – Indianer-Ehrenwort! Dann verzichtest du zwei, drei Tage, vielleicht auch eine oder zwei Wochen lang auf Nikotin, Alkohol oder den Fernseher am Abend, gehst ins Fitnessstudio, läufst morgens, was das Zeug hält, ernährst dich gesünder, lässt Süßigkeiten weg, meditierst oder was auch immer auf deiner Liste der guten Vorsätze draufstand. Es geht ganz gut los – du nutzt den Schwung des Neubeginns und du fühlst dich noch gut. Aber dann ... nach ein paar Tagen ... beginnt jemand, heimlich, still und leise Sand ins Getriebe zu werfen, und dein Schwung lässt nach. Es wird immer schwerer, sich durchzuringen und diszipliniert zu bleiben. Der innere Schweinehund hat mal wieder zugeschlagen, aus irgendeiner dunklen Ecke deines Unterbewusstseins, damit du ihn nicht erkennst. Er untergräbt und sabotiert einfach deine guten Vorsätze nach Strich und Faden.

»Na ja, eine Zigarette – ist ja nicht so schlimm – immer noch viel besser als vorher.« Aus der einen Zigarette werden bald zwei, drei, ... und wir sind wieder genau dort, wo wir angefangen haben. »Jeden zweiten Tag Laufen reicht doch völlig aus – der Körper muss sich zwischendrin doch erholen!« »Ach, heute nicht, ich fühl mich heute einfach nicht so gut. Dafür lauf ich dann morgen und übermorgen.« Bla, bla, bla ... Kommt dir diese Stimme irgendwie bekannt vor? Sie ist süß und verführerisch und lässt dich morgens eine Stunde länger im Bett liegen, statt Yoga zu machen, obwohl du dir das eigentlich vorgenommen hattest. Für einen kurzen Moment haben wir unseren inneren Schweinehund vom Fahrersitz verscheucht und uns endlich wieder selbst ans Steuer unseres Lebens gesetzt. Doch mit seiner süßen, klebrigen Stimme hat er uns nach ein paar Tagen wieder hypnotisiert, sich auf unseren Schoß ans Steuer gesetzt und sich sein Fressen geholt. »Lecker ... schlabber, schlabber, ... « Sobald das passiert, ändert sich auch meist die Stimme dieses Teils in uns: »Hab ich dir doch gleich gesagt, dass du das nicht schaffst! Letztes Jahr hat es doch auch nicht geklappt. Warum probierst du es überhaupt? Du bist einfach nicht stark genug. Loser! Weichei! Hihihihi ...« Wir beginnen, uns Selbstvorwürfe zu machen, starten vielleicht noch ein, zwei halbherzige Versuche und dann geben wir mit einem ziemlich schlechten Gewissen auf. Viele meiner Freunde und Bekannten nehmen sich deshalb gar nichts mehr vor – weder zu Neujahr noch zu einem anderen Zeitpunkt. Vermutlich weil sie, wie wir alle, immer wieder die Erfahrung gemacht haben, dass der Versuch, etwas zu ändern, in der Regel genau so abläuft. Aber ist es wirklich eine lebenswerte Strategie, sich nichts mehr vorzunehmen? Ist es wirklich gut, einfach nichts mehr zu probieren, weil es sowieso nicht zu klappen scheint? Zugegeben, vordergründig mag eine solche Frustvermeidungsstrategie uns davon abhalten, uns schlecht zu fühlen und uns Vorwürfe zu machen. Aber mal ehrlich, fühlt es sich wirklich gut an, in vollem Bewusstsein deinem inneren Schweinehund so mir nichts, dir nichts das Spielfeld und damit dein Leben zu überlassen? Bullshit! Jeder, der das behauptet, verdient sich nur einen Masterabschluss in der Disziplin professioneller Selbstbetrug.

Solange du nicht weißt, wozu du wirklich fähig bist, bist du zu nichts wirklich fähig!

In meinen Berufungscoachings begegne ich täglich Menschen, die keine Ahnung haben, wozu sie wirklich fähig sind. Vielleicht glaubst du jetzt, ich spreche dabei von Talent, Wissen und anderen Qualitäten. Denn zugegebenermaßen hapert es dort schon gewaltig, da wir in der Regel dazu erzogen werden, bescheiden zu sein und nicht mit unseren Fähigkeiten zu prahlen. Außerdem macht es das vorherrschende Bildungssystem schwer bis unmöglich, herauszufinden, welche speziellen und besonderen Talente du hast. Es ist schon erstaunlich zu beobachten, wie wenige Menschen in der Lage sind, sich hinzustellen und zu sagen: »Ich bin gut in ...« oder »Was ich besonders gut kann, ist ...«. Es dauert manchmal mehrere Coaching-Sessions, um einerseits herauszufinden, wo die Stärken und Talente meiner Klienten liegen, und sie dann auch noch dazu zu ermutigen, wirklich zu ihren Aussagen zu stehen. »Das ist doch nichts Besonderes!«, höre ich da immer wieder, oder: »Na ja, das kann ich schon ganz gut, aber ich würde jetzt nicht sagen, dass das ein Talent ist.«

Doch davon will ich hier gar nicht sprechen. Natürlich ist es wichtig zu wissen, was du gut kannst und wo deine Talente liegen, um deine Berufung umsetzen zu können. Wenn ich dich aber frage, wozu du wirklich fähig bist, meine ich etwas ganz anderes. Es ist mindestens genauso entscheidend, um dein eigenes Ding zu machen – vielleicht sogar noch entscheidender. Ich spreche von der dunklen Seite deiner Persönlichkeit, deinem inneren Schweinehund, von deiner Schattenseite!

Deine Schattenseite ist aber auch nicht das, was du nicht gut kannst. Es sind auch nicht die kleinen Schwächen, die mir im Berufungscoaching immer wieder aufgezählt werden, wie: »Ich kann mich nicht gut verkaufen«, »Ich bin zu sensibel«, »Ich bin eher introvertiert« oder Ähnliches. Bei der dunklen Seite deines Selbst handelt es sich um die dunklen, in der Regel unbewussten und unverantwortlichen Abgründe deiner Persönlichkeit, mit denen du dein Leben so lange unbewusst sabotieren wirst, solange du keine Klarheit darüber hast. Denn solange dir nicht bewusst ist, wozu du wirklich fähig bist – und ich meine das im schlimmsten Sinne des Wortes –, bist du entweder eine wandelnde, tickende Zeitbombe, die jederzeit hochgehen kann, oder nichts weiter als ein wirkungsloser »Blindgänger«. Wenn du deine Schattenseite nicht in Besitz genommen hast, entfaltet dein Leben entweder überhaupt keine Wirkung oder eine, die dir nicht gefällt.

Die dunklen Seiten der eigenen Person in Besitz zu nehmen ist nicht nur eine Voraussetzung dafür, seine Berufung zu verwirklichen, es ist ein grundsätzlicher Bestandteil des Übergangs vom Kind zum Erwachsensein. Leider wird dieser psychologisch wichtige Prozess auf dem Weg zum Erwachsenwerden in unserer Kultur nicht wirklich gepflegt oder als hilfreiches Ritual zur Verfügung gestellt. Dennoch ist ein Grundwissen darüber immer noch vorhanden, nämlich in unseren Erzählungen – in den alten genauso wie in den neuen, modernen Erzählungen. Jede klassische Heldengeschichte beinhaltet eine Reise in die Unterwelt und einen Kampf gegen den (inneren) Dämon. Erst die Reise in die Unterwelt lässt das Handeln des Helden endlich wirksam werden. Egal ob es sich um die altertümlichen Helden wie Herkules oder Odysseus handelt oder um ganz moderne Helden, wie zum Beispiel Luke Skywalker, den Helden der berühmten Weltraumsaga »Star Wars«.

Zu Beginn des Science-Fiction-Epos ist Luke ein ziemlich netter Junge mit Flausen im Kopf und Träumen von der großen weiten Welt. Er ist echt nett, sehr naiv und vor allem eines: vollkommen harmlos! Sein Leben hat keine Wirkung – es wird bestimmt durch die Umstände, in denen er lebt, und von dem, was Onkel und Tante, bei denen er wohnt, ihm sagen. Dann, durch einen plötzlichen Schicksalsschlag dieser Umstände beraubt, beginnt er seine Odyssee, seine Heldenreise – die in Wirklichkeit sein Initiationsprozess ins Erwachsensein und der Weg zu seiner Berufung ist. Auf dieser Reise erlernt er allerlei neue Fähigkeiten und entdeckt verborgene Talente, die er – begleitet durch Mentoren und Lehrer – diszipliniert trainiert und verfeinert. Er verwandelt sich so Schritt für Schritt vom netten, harmlosen Jungen zum strahlenden Helden.

Aber etwas fehlt – Luke ist sich immer noch nicht darüber bewusst, zu was er wirklich fähig ist – welche Kraft wirklich in ihm steckt. Er ist sich nicht darüber bewusst, dass er nicht nur eine positive strahlende Heldenseite besitzt, sondern ebenso eine böse, hinterhältige und grausame Schattenseite, die er im Außen in der Gestalt des allmächtigen Imperiums und des dämonischen Darth Vader so sehr verabscheut und bekämpft. Da er diese Kraft noch nicht kennt, sich nicht bewusst darüber ist, dass er sie besitzt und ihr Vorhandensein vielleicht sogar verleugnet, kann er seine Berufung nicht bis ins Letzte erfüllen. Er muss sich erst seinem inneren Monster stellen, es akzeptieren, bevor er das Monster im Außen »erledigen« kann – denn darin liegt seine Bestimmung. Um Darth Vader als ebenbürtiger Gegner entgegentreten zu können, muss Luke also zunächst hinabsteigen in seine eigene Unterwelt. Sein Mentor Master Yoda schickt ihn dorthin und auf Lukes Frage: »Was werde ich dort finden?«, sagt Yoda: »Nur das, was du selbst mitbringst ...«

In der Unterwelt begegnet Luke seinem Erzfeind Darth Vader und erkennt: Darth Vader ist ein Teil von ihm – seine Boshaftigkeit, Machtgier und Grausamkeit stecken auch in ihm selbst. Ihm wird bewusst, dass er kein harmloser Junge mit einem Laserschwert ist, sondern dass er ebenso fähig ist, zu töten und unermessliches Leid zu erzeugen. Diese schmerzhafte Erkenntnis versetzt ihn in die Lage, das Gute vom Bösen zu unterscheiden – und dies ermöglicht es ihm, eine bewusste Wahl zu treffen zwischen der hellen und der dunklen Seite der Macht. Die Wahl eines erwachsenen, initiierten Mannes. Erst dann, nämlich nachdem Luke bewusst geworden ist, zu was er wirklich fähig ist, ist er in der Lage, seine Bestimmung zu erfüllen.

Vor Kurzem habe ich in einem Facebook-Post gelesen: »Spiritualität bedeutet nicht, positiv zu werden, Spiritualität bedeutet, bewusst zu werden.« Was viele New-Age-Disziplinen hingegen propagieren und versprechen, ist eine Abkürzung auf dem Weg zur sogenannten Erleuchtung. Die Unterwelt wird dabei komplett außer Acht gelassen oder sogar verteufelt. Du musst nur genug meditieren und positiv denken, dann hat das Böse keine Macht über dich. Na dann, viel Glück! Das Problem ist: Der Weg zu deiner Berufung führt nun einmal geradewegs durch deine Unterwelt, egal ob dir das bewusst ist oder nicht. Du magst noch so hehre Ziele haben und dich auf den Weg machen, um deine Vision in die Tat umzusetzen und dabei vielleicht sogar die Welt zu retten – schon an der nächsten Straßenecke begegnet dir der König deiner Unterwelt, dein innerer Schweinehund, dein Gremlin (Callahan 2016). Es ist der Teil von uns, der nicht erwachsen werden möchte, und die innere Stimme, die so gerne Verantwortung vermeidet. Vielleicht zeigt deine dunkle Seite sich leise in Form von ersten Zweifeln, ob du das wirklich kannst. Oder dein Unterbewusstsein schickt dir Gedanken wie: »Da gibts doch bestimmt einen einfacheren Weg! Ich muss nur endlich die richtige Idee haben und dann rollt der Rubel!« Es kann auch sein, dass dein Gremlin in Form deiner gewohnten Perfektionismusfalle zuschlägt und dich überzeugt: »Ich bin nicht gut genug – das schaffe ich nie!« Vielleicht siehst du dich als das arme Opfer widriger Umstände, die es dir leider unmöglich machen, deiner Berufung zu folgen. Du wolltest zwar, aber es geht jetzt einfach nicht. So kehrst du zurück zu einem Leben voller Mittelmäßigkeit und beschuldigst dann auch noch deine eigene Schwäche, die anderen oder die Umstände.

Kennst du das? Dein innerer Gremlin agiert meist unerkannt im Unbewussten und hat zahlreiche Tricks auf Lager, wie er deine erhabensten Ziele sabotiert, nur damit du ja keine Verantwortung übernimmst. Das Besondere an deiner dunklen Seite, an deinem persönlichen Gremlin ist, dass er sehr wandlungsfähig ist. Dein Gremlin ist superflexibel, legt gerne je nach Situation andere Strategien an den Tag und dient dabei sogenannten Schatten-Prinzipien wie beispielsweise Manipulation, Arroganz, Faulheit, Missgunst, Machtmissbrauch, Zerstörung, Perfektionismus, Kontrollsucht, Lüge, Betrug, Scheinheiligkeit, Rechthaberei. Wenn du dir über diesen Teil von dir nicht bewusst bist, ihn vielleicht sogar leugnest, hat deine dunkle Seite stets leichtes Spiel, dich davon abzuhalten, deine Berufung oder was auch immer umzusetzen. Deine dunkle Seite hat auch etwas dagegen, wenn du deinem Leben und deiner Arbeit einen Sinn geben möchtest und dich in den Dienst von etwas Höherem stellen willst. Ohne auch und vor allem auf den eigenen Vorteil bedacht zu sein, erlaubt das die dunkle Seite deines Selbst niemals freiwillig.

Egal, was du in Bezug darauf, dein Ding zu machen, versuchst – der Gremlin-Anteil in dir wird versuchen, es zu sabotieren. Das macht deine Unterwelt auch schon perfekt mit deinen Neujahrsvorsätzen. Denn solange du keine Bewusstheit hast über die dunklen Spiele, die du unbewusst spielst, um Verantwortung zu vermeiden, hast du nicht wirklich die Wahl zwischen einer dunklen und einer hellen Seite der Macht! Solange du glaubst, du bist harmlos und könntest keiner Fliege etwas zuleide tun, wird dein Leben keine Wirkung haben! Das hört sich jetzt an, als wäre unsere dunkle Seite verabscheuungswürdig und müsste deshalb vernichtet werden. Oh nein – denn erstens würde das sowieso nicht funktionieren und zweitens brauchst du deinen Gremlin oft gerade dafür, dein Ding zu machen.

Der Weg zu deiner Berufung führt direkt durch deine Unterwelt

Was können wir in Bezug auf diesen hinterhältigen, gewitzten, hungrigen, immer lauernden Teil in uns tun, der uns so gerne sabotiert, zerstört und dabei Verantwortung wie Disziplin mehr scheut als der Teufel das Weihwasser? Mit etwas Geduld und Spucke können wir unseren inneren Dämon zähmen und abrichten, denn eigentlich ist diese Seite von uns weder gut noch schlecht, sie produziert nur leider bestimmte Ergebnisse, wenn wir ihr unbewusst das Feld überlassen. Meist sind es nicht die Ergebnisse, die wir uns für unser Leben wünschen. Dennoch hat dieser Teil in uns, unser Gremlin, gewisse Qualitäten, die in bestimmten Situationen recht hilfreich sind. Zum Beispiel ist unser Gremlin immer auf der Lauer nach Gelegenheiten, sich sein Lieblingsfutter zu holen, beispielsweise Drama, Streitereien und Rechthabereien mit unseren Liebsten. Solange uns unser Gremlin im Kopf nicht bewusst ist, finden wir uns ungewollt ganz schnell in solchen Situationen wieder und wissen meist gar nicht, wie es dazu gekommen ist. Eigentlich wollten wir einen schönen Nachmittag mit unserem Schatz verbringen und irgendwie endete alles in einem Streit. Wie konnte das nur passieren? Offensichtlich hat unser Gremlin eine klitzekleine Gelegenheit wahrgenommen und genutzt – denn er liebt es, wenn etwas kaputtgeht. Diese Wachheit für Gelegenheiten können wir aber auch positiv nutzen: Wenn wir unseren Gremlin zähmen, können wir ihn zum Beispiel darauf abrichten, dass er uns warnt, wenn ein Drama auf uns zurollt, sodass wir die Möglichkeit haben, etwas anderes zu kreieren. Eine weitere Qualität unseres Gremlins ist die Fähigkeit, etwas zu zerstören. Klingt erst einmal nicht gerade nützlich, oder? Dennoch gibt es Momente, in denen es äußerst sinnvoll ist, etwas zu zerstören, zum Beispiel eine lieb gewonnene Illusion oder einen Selbstbetrug. Diese Qualität unserer dunklen Seite können wir zum Beispiel dazu einsetzen, einem Freund eine gefährliche Frage zu stellen, die sein Leben verändern könnte, statt nett zu sein, um ihn ja nicht zu verletzen. Oder um uns selbst so eine gefährliche Frage zu stellen. »Warum bleibst du in einem Job, den du nicht magst und in dem du keinen Sinn siehst? Warum isst du mehr, als dein Körper verdauen kann? Was müsstest du aufgeben, wenn du radikal ehrlich zu dir selbst wärest? ... « Doch ganz schön nützlich diese Gremlin-Qualitäten, oder? Es gibt noch ein paar mehr davon. Aber, wie gesagt, wir erhalten nur Zugang zu diesen Qualitäten, wenn wir es schaffen, eine Beziehung zu unserem Gremlin aufzubauen und ihn zu zähmen und ihn, ähnlich wie einen Hund (innerer Schweinehund), an einer kurzen Kette (eine Leine wäre unter Umständen nicht stark genug) an unserer Seite zu führen, wo er auf unsere Kommandos hört.

Wie funktioniert diese Gremlin-Zähmung denn nun? Sie funktioniert in vier Schritten:

1. Gremlin ist Gremlin

Die erste und grundsätzliche Bedingung ist, dass wir anerkennen, dass es diesen Teil in uns gibt, dass er überhaupt existiert und dass er ein Teil von uns ist. Dieser Teil von uns geht auch nicht weg, wir können ihn nicht töten oder überwinden. Einige New-Age-Richtungen versuchen genau das. Wenn du nur weit genug entwickelt bist und genug meditiert hast, dann hast du deine Unterwelt sublimiert und wirst erleuchtet. Oder so ähnlich. Oder die strengen religiös-kirchlichen Traditionen, die versuchen, durch Selbstbestrafung und Buße den Gremlin auszutreiben. So funktioniert es einfach nicht – je mehr wir eine Sache leugnen oder loshaben wollen, desto mehr verschieben wir sie ins Unbewusste, von wo aus sie unbemerkt ihr Unwesen treiben kann. Man denke nur an die vielen Beispiele von angeblich erleuchteten Gurus, Sektenführern und Priestern, die sich ihrer Schattenseite nicht bewusst sind, und deren Gremlins sie zu ziemlich verantwortungslosem Handeln animieren.

2. Den eigenen Gremlin entlarven

Unser Gremlin gedeiht am besten in der Unbewusstheit – in den dunklen Ecken jenseits unserer Wahrnehmung. Von dort aus kann er am besten agieren und genau dann zuschlagen, wenn wir es am wenigsten erwarten. Das heißt im Umkehrschluss, der sicherste Weg zur Gremlin-Zähmung ist Bewusstsein. Bewusstsein über den Gremlin-Anteil unserer Persönlichkeit bekommen wir schon allein dadurch, dass wir uns unseren Gremlin genauer betrachten. Versuche, so viel wie möglich über diese Seite von dir herauszufinden. Lerne ihn so richtig gut kennen. Nur dann wird es ihm nicht mehr gelingen, aus dem Hinterhalt deines Unbewussten zu agieren. Je besser deine Vorstellung von deinem ganz persönlichen Gremlin – und wir alle haben einen – ist, desto besser.

Mach dir also ein Bild von deiner dunklen Seite

1. Wie sieht dein Gremlin aus?
Male ein Bild von deinem Unhold.

2. Wie heißt dein Gremlin?
Gib ihm einen Namen! Du musst ihn jederzeit bei Fuß rufen können! (Mein Gremlin heißt übrigens Brutus.)

3. Was ist sein Lieblingsfutter?
Typisches Gremlin-Futter ist beispielsweise, den Tag nicht ohne Kaffee beginnen zu können oder ständig Süßigkeiten, Schokolade, Kuchen und Plätzchen zu essen. Er mag auch sehr gerne das Austragen von Machtkämpfen und Rechthaberei mit dem Partner. Regelmäßig Cola und Fast Food, Rauchen und Alkoholtrinken mögen auch viele Gremlins. Andere Gremlins ernähren sich auch gerne davon zu tratschen und über Leute, die nicht anwesend sind, zu lästern. Ein weiteres Unholdfutter zeigt sich darin, Computerspiele zu spielen, bis der halbe Tag vorbei ist. Auch das Jammern, sich zu beschweren und im Auto andere Autofahrer zu beschimpfen ist gute Kost. Weitere Speisen sind ständig zu spät kommen, bei jeder Gelegenheit flirten oder sich mit Schadenfreude über andere lustig machen und spitze Bemerkungen äußern.

4. Wann hat dein Gremlin für gewöhnlich Hunger?
Braucht er einmal pro Woche eine größere Mahlzeit, beispielsweise einen saftigen Streit, oder bevorzugt er mehrere kleine Snacks? Vielleicht braucht dein Gremlin dreimal täglich kleine Häppchen wie Sticheleien und ironische Bemerkungen über deine Mitmenschen?

Was sind sonst so seine Gewohnheiten?

Neigt er zu Scheinheiligkeit, Unaufrichtigkeit, Lügen, Betrügen, Perfektionismus, Manipulation, Unordnung, Opfersein, Arroganz, Überheblichkeit, Intoleranz, Rechthaberei, Besserwisserei, Machtspielchen, ...?

Das hört sich jetzt alles noch relativ harmlos an – nach kleinen Gemeinheiten und fast liebenswerten Marotten. Ich kann dir aus eigener Erfahrung sagen: Das ist nur die oberste Schicht, das, was du als Erstes zu Gesicht bekommst, wenn du dich das erste Mal bewusst mit deiner dunklen Seite auseinandersetzt. Aber glaube mir, unter der obersten Schicht kommen noch weitere, tiefere und dunklere Schichten zum Vorschein. Sich das auf bewusste Weise anzuschauen, erfordert Mut und Aufrichtigkeit sich selbst gegenüber. Das ist dann kein Kinderteller mehr. Ich weiß noch, als ich in einem Training das erste Mal eine bewusste Reise in meine Unterwelt gemacht habe. Ich war mehr als schockiert über das, was ich dort unten angetroffen habe. Es auf einmal so deutlich zu sehen, wozu ich wirklich fähig bin und was ich in meinem Alltag tatsächlich mir selbst und anderen unbewusst antue, war erschreckend. Es war mehr als schmerzhaft, zu erkennen, dass auch das ein Teil von mir ist. Ich fand beispielsweise heraus, dass der Gremlin-Teil in mir eine scheinheilige, rechthaberische und Herzen brechende Schlange ist, die dich mit ihrem süßen Lächeln verführt und manipuliert, um sich sicher zu fühlen und die Kontrolle zu behalten. Ich sah mich in diesem Prozess anderen Menschen das Herz aus der Brust reißen und lachend ins Feuer werfen. Und das ich! Die liebe Patrizia, die doch immer alles versteht und nur das Gute in allen Menschen sieht! Das tat weh! Aber genau dieser tiefe Schmerz war notwendig und unglaublich transformierend – er hat mich geläutert, er hat die letzten Reste von kindlicher Naivität und Selbstbetrug aus meinem System getilgt und mir klargemacht, welche Kraft tatsächlich in mir steckt – und was passiert, wenn ich diese Kraft unbewusst in mir gewähren lasse. Das war für mich einer der wichtigsten Meilensteine auf dem Weg zu echtem Erwachsensein.

3. Regelmäßige Fütterung und interessante Aufgaben für deinen Gremlin

Jetzt kannst du deinen Gremlin erkennen. Er ist aus dem Dunkel des Unbewussten herausgetreten. Als nächsten Schritt kannst du lernen, wie du dieses wilde Tier in dir erziehen kannst, denn eines ist klar: Dein Gremlin ist ein Teil von dir. Er ist weder gut noch schlecht, er ist einfach da. Es kommt nur darauf an zu lernen, mit ihm umzugehen. Hast du schon einmal im Fernsehen den Hundeprofi gesehen? Nein? Aber du weißt sicher, dass es Hundeschulen und Hundetrainer gibt. In Hundeschulen werden Hunde trainiert und darauf abgerichtet, auf die Kommandos ihrer Herrchen zu hören. Nicht nur in der Hundeschule, sondern in jeder Situation. Beim Gremlin-Zähmen ist es ähnlich. Einer der wichtigsten Punkte ist die regelmäßige bewusste Fütterung deiner dunklen Seite. Jeder Mensch hat einen Gremlin, einen inneren Schweinehund, einen kleinen Saboteur in sich. Der geht auch nicht weg. Der beste Weg ist daher, eine Beziehung zu ihm aufzubauen und ihn in verträglicher Weise mit dem Essen zu füttern, das er so liebt. Denn nur, wenn er weiß, dass er regelmäßig seine Lieblingsspeisen von dir bekommt, wird er kooperativ werden und sich sein Futter nicht mehr selbst holen, wann er es will. Eine Möglichkeit ist, an einem von dir bestimmten Tag in der Woche, beispielsweise samstags, deinem Gremlin von morgens bis abends seine Lieblingsspeisen vorzusetzen. Er darf Filme schauen, Videospiele spielen und Fast Food und Süßigkeiten essen – wenn das sein Lieblingsfutter ist. Wenn Rechthaberei sein Lieblingsfutter ist, dann wäre ein Gesellschaftsspiel, bei dem es um Wissen geht, eine super Möglichkeit, ihn zu füttern. Merkst du etwas? Nur wenn du deinen Gremlin wirklich gut kennst, kannst du ihm auch das geben, was er möchte. Aber du bestimmst die Dosis, die Fütterungszeit und auch, welches Futter es gibt. Daher ist es auch so nützlich, ihn aus dem Dunkel des Unbewussten herauszuholen. Je klarer dein Bild von ihm ist, umso leichter wird es dir fallen, diesen Schritt zu gehen.

Der zweite wichtige Punkt beim Gremlin-Zähmen ist, dass du ihm interessante Aufgaben gibst, denn sonst langweilt sich der kleine Teufel in dir – und wenn ihm langweilig ist, rate einmal, was er dann tut? Was viele gar nicht ahnen – und jetzt wird es spannend: Du kannst deinen Gremlin auf diese Weise genau für die Ziele und Absichten einsetzen, die er, solange er sich im Dunkeln verstecken konnte, so gerne sabotiert hat. Du kannst seine Kraft, seine Wachheit und seine Fähigkeit zu zerstören zum Beispiel dafür einsetzen, deine guten Vorsätze durchzuziehen oder endlich dein Ding zu machen. Das ist sehr hilfreich, um an den Punkt zu kommen, an dem dein guter Vorsatz auch zu neuem Verhalten wird. Gib ihm die Aufgabe, jeden noch so kleinen Widerstand aufzuspüren und zu zerstören, bevor er größer werden kann. Das hört sich paradox an – aber es funktioniert! Statt dein Ziel, deine Berufung umzusetzen, zu sabotieren, kannst du deinen Gremlin darauf abrichten, deine innere Sabotage zu sabotieren! Glaube mir, das ist eine sehr interessante Aufgabe für deinen Gremlin – es wird ihm nicht langweilig werden!

Hier wieder ein paar praktische Beispiele, wie ich meinen Gremlin Brutus gezielt für meine Berufung einsetze. Er hilft mir beispielsweise in meinem Job als Autorin. Wenn es gilt ,einen Artikel für eine Fachzeitschrift zu verfassen, gibt es in der Regel eine klare Vorgabe, wie viele Zeichen inklusive Leerzeichen der Artikel maximal haben darf. Ich schreibe aber zunächst einfach los, formuliere nach Herzenslust und überprüfe erst am Ende, wie lang der Artikel dann schlussendlich geworden ist. In der Regel sind meine Artikel zu lang. Hier kommt Brutus dann ins Spiel. Ich selbst hänge nämlich viel zu sehr an jedem einzelnen meiner geschriebenen Worte und kann mich nur schwer von ihnen trennen. Brutus hingegen hat damit überhaupt kein Problem. Er liebt es, zu gewinnen und es besser zu wissen. Also sage ich: »Brutus, fass!«, und Brutus legt los und streicht gnadenlos jedes überflüssige Füllwort und formuliert den Text so lange um, bis am Ende genau die erforderliche Höchstzeichenzahl erreicht ist – und das, ohne dass der Sinn des Geschriebenen verloren geht. Praktisch, oder?

Auch wenn ich versuche, neue Kunden zu akquirieren – gerade im Business-Bereich –, ist mein Gremlin-Anteil für mich sehr nützlich. Werbung für mich selbst zu machen oder Menschen zu kontaktieren, die ich nicht kenne, sind für mich immer noch große Herausforderungen. Ich mache also zunächst eine Liste von möglichen Unternehmenskunden und finde heraus, wer die richtigen Ansprechpartner sind. Dann geht es ans Telefonieren. Aber der bescheidene, höfliche und gut erzogene Teil in mir findet schon bei der ersten Person auf der Liste Tausende Gründe, warum ich diese nicht einfach so überfallen und mit meinem Angebot überrumpeln sollte. Ich nehme den Telefonhörer in die Hand und dann lege ich wieder auf. Dann verschiebe ich das Telefonieren auf später. Oder ich beauftrage Brutus. Da ihm gesellschaftliche Regeln der Höflichkeit gänzlich am »Allerwertesten« vorbeigehen, nutze ich einfach seine Frechheit, seine Unverfrorenheit und seine Gewitztheit, um die Nummer zu wählen, mich zur richtigen Person durchzuschlagen und mit einem witzigen Spruch im Gespräch das Eis zu brechen, bevor ich dann wieder übernehme. So in etwa kannst auch du deinen Gremlin-Anteil aktiv für deine Zwecke einsetzen, wenn du ihn gut kennst und eine gute Beziehung zu ihm hast.

4. Piratenabkommen mit fremden Gremlins

Wenn du auf Nummer sicher gehen möchtest, in Bezug auf deine wirkliche Berufung oder auch einfach nur gute Vorsätze, dann gibt es noch die Möglichkeit zu Piratenbündnissen mit anderen. Jeder Mensch hat einen Gremlin. Warum also nicht den jeweiligen Gremlin des anderen für sich arbeiten lassen? So können beide ihren inneren Schurken Futter geben und tun gleichzeitig noch etwas Gutes. Wie wäre es also damit, dem Gremlin einer anderen Person eine interessante Aufgabe in Form einer Abmachung zu geben, die du mit dieser Person triffst? Ich nenne das Piratenabkommen unter Gremlins. Hier ein Beispiel: Ich selbst habe mir vorgenommen, unter der Woche um sechs Uhr morgens aufzustehen. Ich möchte so in der Frühe genügend Zeit haben, um zu meditieren, zu laufen oder um Yoga zu machen. Mein Mann steht jeden Tag ohnehin um 5:45 Uhr auf und geht um 6:10 Uhr aus dem Haus. Ich habe mit ihm das Piratenabkommen getroffen, dass er – falls ich nicht von selbst aufstehe – dafür sorgt, dass ich aufgestanden bin, bevor er das Haus verlässt. Damit ein wirkliches Piratenabkommen für seinen Gremlin entsteht, habe ich meinem Mann die Erlaubnis gegeben, dafür alle Mittel einzusetzen, die ihm einfallen – alle!! Zusätzlich habe ich ihn gebeten, auf keine Ausrede von mir zu reagieren, egal wie nachvollziehbar oder mitleiderregend sie auch sein mag. Es funktioniert! Seine Kitzel-Attacken reichen vollkommen aus, ich habe nämlich keine Lust, im Bett mit einem Eimer eiskalten Wasser übergossen zu werden. Ich kenne seine dunkle Seite, seinen Gremlin gut. Der liebt es, anderen auf die Nerven zu gehen und schreckt dabei vor nichts zurück. Das ist Lieblingsfutter für seinen Gremlin. Ich weiß also, dass er dazu fähig wäre, und ich weiß, welche Freude seinem Gremlin so etwas bereiten würde. Aber genau, weil ich das weiß, würde ich es nie so weit kommen lassen. Also stehe ich lieber auf.

Alternativ und ergänzend zum Piratenabkommen gibt es noch das Piratenopfer. Wenn du etwas wirklich Schwieriges vorhast, kann es sinnvoll sein, auch ein Piratenopfer mit sich selbst auszumachen – für den Fall, dass du trotz des vollen Einsatzes des Piratenkollegen, rückfällig wirst. Das Wichtigste beim Piratenopfer ist, dass es wirklich wehtut! Zum Beispiel ein hoher Geldbetrag, den du einer Organisation spenden musst, oder du verpflichtest dich, deinen Piraten-Buddy eine Woche lang von vorne bis hinten zu bedienen, oder, oder, oder. Aber es muss etwas sein, das dir wirklich wehtut. Schon der Gedanke daran muss massives Unwohlsein und Panik bei dir auslösen. Harrbigarrr!

Wenn meine Klienten ihre Ziele erreichen wollen, biete ich ihnen immer auch ein Piratenabkommen mit mir – also eigentlich mit Brutus – an, inklusive Piratenopfer. Ein Klient hatte beispielsweise als Piratenopfer für unser Abkommen ausgesucht, dass, wenn er sich nicht an die Vereinbarung hält, er mit einer Kiste in die Münchner Innenstadt geht, sich mitten auf dem Marienplatz auf die Kiste stellt und dort öffentlich einen Vortrag hält. Das Piratenopfer eines anderen Klienten von mir bestand darin, dass er bei Nichteinhalten der Vereinbarung eine Prostituierte aufsuchen und sie dazu überreden muss, nur mit ihm zu reden und ihm von ihrem Job zu erzählen und er sie dafür bezahlt. Wieder eine andere Klientin gab als Einsatz beispielsweise, dass sie mein komplettes Haus inklusive aller Fenster putzen muss, wenn sie unser Abkommen nicht einhält. Bei letzterem Beispiel muss man allerdings dringend darauf achten, dass der Nutzen für den Piraten-Buddy nicht so groß ist, dass er in Versuchung gerät, die Ziele des anderen zu sabotieren statt zu unterstützen.

Wichtig ist, bei aller Gremlin-Zähmerei und der Umsetzung von Zielen und Vorsätzen nicht zwanghaft oder perfektionistisch zu werden und daraus dann unbewusst wieder neues Gremlin-Futter zu kreieren. Dann sitzt nämlich wieder dein Gremlin am Steuer und du hast gar keine andere Wahl als jeden Morgen Laufen zu gehen, Yoga zu machen oder was auch immer du dir sonst vorgenommen hast. Oder du machst dich dann wieder selbst dafür fertig, weil du es vielleicht einmal im Monat nicht geschafft hast, Laufen zu gehen. Also auch hier geht es um Bewusstheit und darum, jederzeit eine Wahl zu haben und nicht von einem Extrem ins andere zu verfallen. Hilfreich ist dabei immer die Haltung eines Forschers und Abenteurers. Dann kann die ganze Sache mit der Unterwelt zu einer sehr interessanten und spannenden Lernreise werden.

Das Geheimnis

Deine Schattenseite, dein innerer Gremlin, ist nicht schlecht oder verabscheuungswürdig. In ihr beziehungsweise ihm stecken sogar viele nützliche Fähigkeiten, die bei der Umsetzung deiner Berufung von großer Bedeutung sein können. Dein Gremlin ist zum Beispiel in der Lage, Regeln zu brechen, Dinge zu zerstören oder unhöflich zu sein, denn er hat keine Angst vor Autoritäten. Wenn du dich auf den Weg deiner Berufung machst, musst du in der Regel vom Mainstreamweg abweichen, und dabei sind diese Fähigkeiten sehr nützlich.

Vielleicht musst du ein paar Regeln brechen oder Illusionen zerstören. Oder vielleicht wird es notwendig, jemanden anzurufen, den du nicht kennst oder der im bekannten System als Autorität gilt, und du wärst normalerweise zu schüchtern dafür. Der Gremlin-Anteil in dir hat mit so etwas überhaupt kein Problem! Die Voraussetzung, dass du diese Fähigkeiten nutzen kannst, ist allerdings, dass du dir deiner Unterwelt bewusst bist und sie in Besitz genommen hast, sodass dein Gremlin an einer kurzen Kette an deiner Seite sitzt und dich unterstützt, statt dich zu sabotieren. So hast du jederzeit die Wahl zwischen der hellen und der dunklen Seite der Macht und du kannst deine Gremlin-Kraft für deine verantwortlichen Ziele einsetzen.

So machst du dir den Weg frei!

Du hast in einem sicheren Raum den transformatorischen Prozess einer Reise in deine Unterwelt durchlaufen, um Klarheit und Bewusstheit über deine Schattenseite zu erlangen. Du hörst damit auf, ein braves Mädchen oder ein braver Junge zu sein und zu glauben, du wärst harmlos und könntest niemandem etwas zuleide tun. Du hast deinem Gremlin einen Namen gegeben, kennst seine Tricks und seine Lieblingsnahrung, du hast ihn an die Kette genommen, fütterst ihn nach deinem Plan und gibst ihm immer wieder spannende Aufgaben, die dich dabei unterstützen, dein Ding zu machen.

Mind-Changer-Fragen

Wer sitzt am Steuer deines Lebens, du oder dein Gremlin?

Auf welche Arten sabotierst du dich selbst?

Wo vermeidest du Verantwortung und betrügst dich dabei selbst?

Wie heißt dein Gremlin und was sind seine Lieblingstricks, um dich von deiner Berufung abzuhalten?

Welche verborgenen Fähigkeiten stecken hinter diesen Tricks? Wie könnte er dich mit diesen Fähigkeiten bewusst dabei unterstützen, dein Ding zu machen?

Hürde #9

Du verrennst dich in einer spirituellen Odyssee

Das Thema Berufung hat auch einen spirituellen Hintergrund – manche würden gar sagen, es hat einen esoterischen Beigeschmack. Bei dem Wort Berufung gehen unsere Vorstellungsbilder in Richtung einer inneren Stimme, also eines inneren Rufes, den wir hören und dem wir folgen wollen und sollen. Berufung wird oft auch gleichbedeutend mit dem Begriff Bestimmung benutzt, welcher fast noch mehr in Richtung Religion oder spirituelles Denken deutet. Der Begriff Bestimmung lässt in uns das Bild entstehen, dass wir mit einer Art persönlichem göttlichen Auftrag hier auf der Erde sind. Er lässt vermuten, dass wir für etwas ganz Bestimmtes bestimmt sind und dass da eine höhere Macht im Spiel ist, die unser Schicksal schmiedet. Damit verleihen wir dem Thema Berufung unter Umständen eine ziemlich gewichtige Bedeutung.

Im Grunde ist daran erst einmal auch nichts Schlimmes. Religion und Spiritualität spiegeln ein menschliches Bedürfnis und sind daher Teil aller menschlichen Kulturen. Problematisch wird es in der Regel nur, wenn wir diesbezüglich fanatisch, extremistisch oder fatalistisch werden. Wenn ich mich selbst in dieser Hinsicht betrachte, würde ich mich als pragmatisch spirituellen Menschen bezeichnen. Ich bin kein Anhänger einer bestimmten Religion. Ich bin zwar wie die meisten Westeuropäer in der christlichen Tradition aufgewachsen und bin somit sicherlich durch christliche Werte und Denkweisen geprägt. Ich glaube aber nicht an den einen männlichen »Gott«, der irgendwo im Himmel auf einer Wolke sitzt und über die Menschen richtet. Ich würde mich aber auch nicht als Atheistin bezeichnen. Mir gefällt die Vorstellung, dass es mehr als nur einfach Materie gibt, dass wir spirituelle Wesen sind, die eine Zeit lang menschliche Erfahrungen in physischen Körpern machen. Ich glaube, dass es Dinge gibt, die wir mit unseren physischen Sinnen weder wahrnehmen noch erklären können. Meine Liebe zur Natur und zu allem Lebendigen lässt mich das Leben selbst als etwas Kostbares, ja fast Magisches betrachten. Für mich ist es immer noch so etwas wie ein Wunder, dass zwei Zellen aus unterschiedlichen Körpern miteinander verschmelzen können und daraus neues Leben entsteht. Natürlich bin ich naturwissenschaftlich gebildet genug, um den rein biologischen Prozess dahinter zu verstehen. Dennoch gibt es diesen Teil in mir, der mit Ehrfurcht und Respekt eine darin verborgene Magie wahrnimmt. Außerdem bin ich eine Sinnsucherin. Das heißt, für mich ist Sinnhaftigkeit ein sehr starker Motor, eine meiner Grundmotivationen. Deshalb verspürte ich auch früh den Wunsch, irgendwann meine Berufung zu finden und so ein sinnerfülltes Leben zu führen.

Gibt es so etwas wie Berufung oder Bestimmung überhaupt?

In zahlreichen Interviews wird mir immer wieder die gleiche Frage gestellt: »Patrizia, gibt es so etwas wie Berufung wirklich? Hat jeder Mensch eine Bestimmung?« Meine Antwort ist jedes Mal dieselbe: »Ich habe keine Ahnung, ob es so etwas wie Berufung oder Bestimmung wirklich gibt!« Dann herrscht meist kurz Stille, gefolgt von Unverständnis am anderen Ende der Leitung: »Wie jetzt, du unterstützt seit Jahren Menschen dabei, ihre Berufung zu finden. Du ermunterst sie dann auch noch, ihr Ding zu machen. Dafür stellen diese Menschen dann beispielsweise ihr Berufsleben komplett auf den Kopf. Und du weißt gar nicht, ob

Berufung wirklich existiert? Wie soll ich das denn nun verstehen ...?« Im Grunde könnte man mich an dieser Stelle auch fragen: »Patrizia, gibt es Gott wirklich?« Hallo? Woher soll ich denn das wissen? Wenn ich das mit Sicherheit wüsste, wäre meine Berufung wahrscheinlich Prophetin und nicht evolutionäre Krustensprengerin.

Viele Menschen verrennen sich auf der Suche nach ihrer Berufung oder Bestimmung aus meiner Sicht in einer spirituellen Odyssee. Durch den religiösen Aspekt, der damit verbunden ist, blasen sie das ganze Thema zu einer riesigen und geradezu heiligen Suche auf und machen daraus eine »biblisch« anmutende Geschichte (du erinnerst dich an das Geschichtenmachen?). Diese Geschichte geht ungefähr so: Jeder Mensch hat eine Bestimmung, eine Lebensaufgabe, quasi einen göttlichen Auftrag. Es ist also Teil meiner Aufgabe als Mensch, diese Bestimmung zu finden und gemäß meiner Bestimmung zu leben. Wenn ich sie endlich finde, dann werde ich es mit Sicherheit wissen, denn dann passiert etwas ganz Besonderes mit mir – eine Erleuchtung, eine Vision, eine Epiphanie oder eine bestimmte Empfindung, die sich dann einstellt. Es muss sich also irgendwie besonders anfühlen und auf keinen Fall profan – sonst ist es mit Sicherheit nicht meine Berufung. Wenn ich meine Berufung verwirkliche, dann bin ich immer glücklich, zufrieden, habe unendlich viel Energie und niemals Angst. Nur wenn ich meine Bestimmung finde und lebe, hat mein Leben einen Sinn und ich habe das, wofür ich hierhergekommen bin, gemeistert. Wenn ich meine Berufung aber nicht finde oder womöglich den falschen Beruf ergreife, für den ich gar nicht bestimmt bin, dann habe ich meine ganze Lebenszeit vergeudet. Dann war alles umsonst!

Meine Güte – wer soll denn solch einem Druck standhalten können? Kein Wunder, wenn du dich mit so einer Geschichte im Kopf auf deinem Kreuzzug für die Berufung im göttlichen Universum verirrst und Angst hast, eine Entscheidung zu treffen. Es könnte ja doch wieder das Falsche sein, und dann? Da frage ich doch lieber noch mal jemanden, der es wissen muss – eine Schamanin, einen Hellseher, eine Astrologin, eine Berufsberaterin, meinen spirituellen Lehrer –, oder ich mache sicherheitshalber noch mal einen weiteren Stärkentest. Wie bereits erwähnt, war das zu Beginn meiner Reise zu meiner Berufung auch meine Strategie. Um sicherzugehen und nichts falsch zu machen, studierte ich mein Geburtshoroskop, fragte spirituelle Lehrer und Schamanen und machte jeden Typen- und Stärkentest, der mir in die Hände fiel. Zugegeben: Ich fand dadurch immer mehr über mich selbst heraus, denn dadurch beschäftigte ich mich einfach mit meinen Talenten, mit meinen Motiven, mit meinen Leidenschaften. Ich lernte mich dadurch immer besser kennen. Gleichzeitig suchte ich aber immer noch nach einer Absicherung im Außen, um nicht versehentlich die falsche Richtung einzuschlagen und mein Leben zu vergeuden.

Irgendwann hat es mir dann gereicht – ich war ziemlich genervt von meinen Zweifeln und hatte einmal wieder die Nase voll davon. Merkst du was? Es war immer die Kraft der Wut, die mich auf die nächste Ebene katapultierte und mich dazu brachte, Entscheidungen zu treffen. Also bin ich die Sache pragmatisch und mit gesundem Menschenverstand angegangen. In mir war dieser tiefe Wunsch, ein sinnerfülltes Leben zu leben. Ein Teil dessen bestand darin, meiner Berufung zu folgen und die Welt durch das, was ich tue, ein bisschen besser zu machen. Diese

Sehnsucht nach Sinnhaftigkeit konnte ich ganz deutlich in mir spüren – sie war Antrieb meiner Odyssee. Gleichzeitig gab es in mir diesen Zweifel beziehungsweise die Frage, die mir auch heute immer wieder in den Interviews gestellt wird: »Gibt es denn so etwas wie Berufung oder Bestimmung überhaupt? Nicht, dass es das gar nicht gibt und ich meine Lebenszeit damit vergeude, danach zu suchen.« Durch ein bisschen Nachdenken wurde mir schnell klar, dass mir niemand diese Frage mit Sicherheit beantworten kann. Genauso wenig wie die Frage, ob Gott wirklich existiert. Vielleicht würde ich es erst erfahren, wenn ich sterbe – wenn dann irgendeine höhere Macht oder meine eigenen geistigen Überreste auf meine Lebenszeit zurückblicken und den Daumen dann entweder nach oben oder nach unten halten. Oder ich stelle dann fest, dass danach gar nichts mehr kommt und unser Leben wirklich keinen tieferen Sinn hat. Aber das ist ja dann auch egal, denn wenn es so ist, werde ich mich auch nicht mehr darüber ärgern können.

Du bist derjenige, der deinem Leben Sinn verleiht – niemand sonst

Irgendwann war die Lösung für mich klar: Wenn ich sowieso nie mit Sicherheit wissen kann, ob es Berufung gibt, und mir auch niemand im Außen sagen kann, worin meine Berufung besteht, es für mich aber wichtige Motivatoren sind, Sinnhaftigkeit zu erleben und einen Beitrag zu leisten, dann übernehme ich jetzt einfach das Steuerrad meines Lebens und treffe für mich die Entscheidung …

1. ... dass es eine Berufung für mich gibt und
2. ... worin meine Berufung besteht.

Ich habe an diesem Punkt damit begonnen, meinem Leben selbst einen Sinn zu geben, weil Sinnhaftigkeit eine Grundtriebfeder für mich ist. Das Gefühl von Sinnhaftigkeit macht mich glücklich. Ich bin für mein Glück selbst verantwortlich. Also gebe ich meinem Leben selbst einen Sinn, statt ewig danach zu suchen und die Verantwortung auf äußere Autoritäten abzuwälzen. Fertig!

Im schlimmsten Falle kann ich dann nach meinem Tod immer noch ein ernstes Wörtchen mit dem lieben Gott reden – falls es ihn doch gibt – oder es ist eben sowieso alles egal. Dann habe ich aber durch meine Entscheidung wenigstens ein sinnerfülltes Leben gelebt. Das ist meine Form von gelebtem spirituellem Pragmatismus.

Genau das ist es auch, worin ich meine Klienten unterstütze. Ich versetze sie in die Lage, für sich selbst eine klare Entscheidung zu treffen und ihrem Leben selbst einen Sinn zu geben. Denn das ist es, warum sie überhaupt zu mir gefunden haben – ihre Sehnsucht nach einem sinnerfüllten Leben. Ich unterstütze sie dabei, ihre Odyssee zu beenden, mit ihren Zweifeln aufzuhören und stattdessen so viel über sich selbst herauszufinden, dass die Entscheidung, die sie dann treffen, auf einer gut tragenden Basis steht. Ohne hundertprozentige Sicherheit. Denn die existiert nicht, wie ich schon mehrfach in diesem Buch erwähnt habe. In Bezug auf ihre Berufung nehmen meine Klienten, genauso wie ich damals, irgendwann die Zügel in ihre eigene Hand und fangen an, die Verantwortung dafür zu übernehmen, das zu kreieren, was sie sich aus tiefstem Herzen wünschen: ein sinnerfülltes Leben zu leben, statt ihre heilige Irrfahrt weiterzuführen.

Das Geheimnis

Es gibt eine befreiende Perspektive, zu der ich meine Klienten einlade. Ich möchte jeden Menschen von dem Druck befreien, der entsteht, wenn wir Begriffen wie Berufung oder Bestimmung einen spirituellen Anstrich geben: Was, wenn deine Berufung nicht das ist, was du tust, sondern das, was du bist? Wenn ich meinen Klienten sage, dass sie ihre Berufung mit hoher Wahrscheinlichkeit schon leben, es ihnen aber nicht bewusst ist, sind sie immer ganz erstaunt. Sie können es kaum glauben. Aber meiner Erfahrung nach ist es genau so: Deine Berufung wirkt schon, seitdem du auf der Welt bist, denn sie ist mit deinem Sein verbunden. Sie wirkt durch dich hindurch, auch wenn du dir dessen nicht bewusst bist oder dafür gerade kein Geld verlangst. Die große Herausforderung ist es also herauszufinden, wer du bist und was du dieser Welt bereits ohne es zu merken zur Verfügung stellst. Übrigens schon seitdem du auf der Welt bist.

Ich hatte in meiner Vergangenheit sehr unterschiedliche Berufe. Ich habe eine ganze Schublade voller Zertifikate, Qualifikationsnachweise und Erlaubnisschreiben von ganz verschiedenen Autoritäten. Ich war Produktmanagerin in der Reisebranche. Ich war Heilpraktikerin in eigener Praxis. Ich war Vorstand einer Weiterbildungsakademie. Derzeit arbeite ich als Trainerin, Coach, Beraterin, Speakerin und Autorin. Dabei handelt es sich aber nicht um meine Berufung. Das sind lediglich die Ausdrucksformen, die ich bisher gewählt habe, um meine Berufung zur Verfügung zu stellen. Im gewöhnlichen Arbeitsleben würde mein Lebenslauf wahrscheinlich als zu wenig geradlinig eingestuft werden. Als ich aber für mich erkannte, was meine eigentliche Aufgabe ist, wurde mir klar, dass ich bis heute immer dasselbe getan habe, egal ob als Produktmanagerin, Heilpraktikerin oder Trainerin.

Das, was mein Dienst für die Gemeinschaft ist, ist viel allgemeingültiger und beschränkt sich nicht auf eine bestimmte Tätigkeit. Zu Beginn dachte ich, Trainerin sei meine Berufung. Irgendwann habe ich mir dann die Fragen gestellt: Was passiert dort, wo ich bin, einfach dadurch, dass ich da bin? Was passiert mit den Menschen – was bekommen sie durch den Kontakt mit mir? Durch diese Fragen kam ich irgendwann auf den Begriff der evolutionären Krustensprengerin. Denn das ist es, was ich eigentlich bin und tue. Alte, tote Krusten von überholten Mindsets oder gesellschaftlicher Konditionierung sprengen, damit wieder Lebendigkeit an die Oberfläche kommen kann und verborgenes Potenzial. Das ist das, was ich in diese Welt bringe, egal welche Ausdrucksform ich gerade dafür wähle. Das passiert auch im privaten Kontext – vielleicht durch eine Geschichte, die ich jemandem erzähle, oder durch eine Frage, die ich stelle, oder dadurch, dass ich auf eine bestimmte Weise zuhöre. Schon durch meine Geburt habe ich die Krusten meiner Eltern gesprengt, denn ich war nicht geplant – meine Eltern hatten bereits mit der Familienplanung abgeschlossen und so kam durch mich noch mal unverhofft Lebendigkeit in ihr Leben.

Berufung (das, was du bist) und Berufe (Ausdrucksformen deiner Berufung)

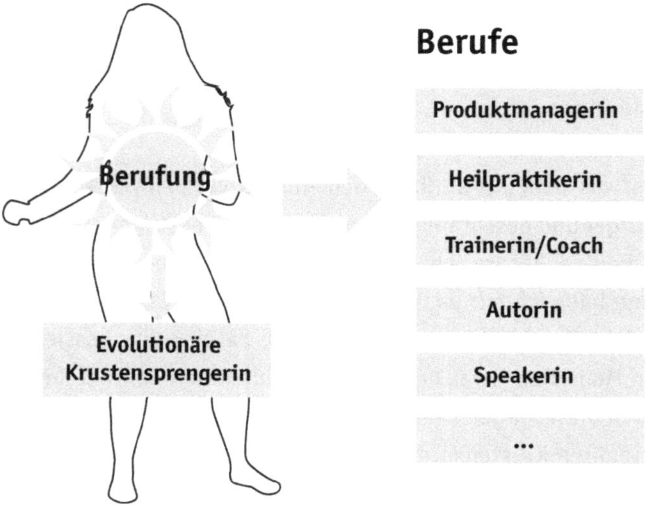

Als ich das für mich herausgefunden und deklariert habe (siehe Hürde #6 – Deklarieren ist eine unserer drei Kräfte, ab Seite 99), fielen mir mehrere Steine vom Herzen. Die Vorstellung, dass ich, egal in welcher Ausdrucksform, trotzdem immer meine Berufung umsetze, auch wenn es mir vielleicht in dem Moment nicht bewusst ist, löste den Druck des Finden-Müssens unverzüglich auf. Es geht einfach nur darum, mich und mein Leben zu betrachten und dem, was ich zur Verfügung stelle, einen Namen zu geben. Dann kann ich meine Lieblingsausdrucksform für diese Berufung frei wählen und diese kann sich auch jederzeit ändern oder durch neue Aspekte ergänzt werden. Ich kann also jederzeit mein Ding machen. Das, was bleibt, ist, dass ich Krusten sprenge.

Und du? Was bist du für ein Mensch? Wenn du herausfindest, wer oder was du bist beziehungsweise womit du die Welt bereicherst, weil du so bist, wie du bist, dann setzt du dich automatisch in einen größeren Kontext.

Vielleicht bist du ja ein

- Muster-Brecher,
- Brückenbauer,
- Evolutionsarchitekt,
- Wegbereiter,
- Friedensstifter,
- Kulturingenieur,
- Wirtschafts- und Gemeinschaftsinnovator,
- Klarheit-Schaffer,
- Initiations- und Transformationsbegleiter,
- Wahrheit-Sprecher,
- Lebensanwalt,
- Wunden-Heiler,
- Tragfähigkeitserfinder.

Ich behaupte nicht, dass es so ist – aber es könnte so sein. Das Schöne am Leben ist, wenn du diese Möglichkeiten in Betracht ziehst und damit eine Neuorientierung vornimmst, dann entstehen dadurch automatisch jede Menge von Optionen, die du neu nutzen kannst, um deine individuelle und persönliche Berufung in die Tat umzusetzen und dein Ding zu machen. Natürlich kann dein jetziger Beruf weiterhin deine liebste Ausdrucksform im Sein bleiben – aber er wird eben zur Ausdrucksform von etwas Größerem, deiner Berufung. Dann bist du zwar offiziell vielleicht der Projektmanager bei der XY GmbH, aber der eigentliche

Dienst, den du dem Unternehmen und der Welt zur Verfügung stellst, besteht in etwas ganz anderem. Du bist dann frei, jederzeit eine passendere Ausdrucksform dafür zu wählen.

So machst du dir den Weg frei!

Du hörst auf, deiner Berufung eine dermaßen heilige Bedeutung zu geben, die dich davon abhält, Entscheidungen zu treffen, aus Angst, Fehler zu machen und dein Leben zu vergeuden. Du nimmst bewusst die Perspektive ein, dass du deine Berufung schon lebst, ohne dass es dir bewusst ist. Einfach weil du gar nicht anders kannst, als das zu tun, was in dir steckt. Du findest heraus, was dort passiert, wo du bist, und welcher Beitrag durch dich in die Welt kommt, einfach dadurch, dass du da bist. Du gibst diesem Beitrag einen Namen. Dann wählst du eine dir entsprechende Ausdrucksform dafür – egal ob selbstständig oder angestellt, in Form eines bestehenden Berufs oder einer völlig neuen Dienstleistung. Die Angst, etwas Falsches zu wählen, hindert dich dann nicht mehr daran, dein Ding zu machen, denn du tust es sowieso schon.

Mind-Changer-Fragen

Wie hast du bisher folgenden Satz für dich ergänzt: »Wenn ich es nicht schaffe, meine Berufung zu finden und umzusetzen, dann ...«

Welche Bedeutung hat Sinnhaftigkeit für dein Leben? Wer oder was gibt deinem Leben Sinn?

Was ist deine bisherige Geschichte über Berufung oder Bestimmung? Welche spirituelle Bedeutung hast du dem Thema bisher beigemessen?

Wie schwer hat bisher der Druck auf dir gelastet, deine Berufung finden zu müssen und dabei ja keine Fehler zu machen?

Hürde #10

Du bist hypnotisiert vom System und wählst nur, was dir angeboten wird

In Hürde #6 ab Seite 99 habe ich über die drei Kräfte geschrieben, insbesondere über die Kraft des Auswählens und Entscheidens. Hierzu möchte ich gerne noch ein wenig in die Tiefe gehen, denn es gibt weitere Phänomene zur Kraft des Wählens, die uns in der Regel nicht bewusst sind. Aber was uns nicht bewusst ist, steht uns leider nicht zur Verfügung. In Hürde #6 wurde deutlich: Eine Entscheidung erweckt den nächsten Schritt zum Leben. Durch deine Entscheidung kommt etwas in Gang. Wenn du also nicht entscheidest und ständig zögerst und zweifelst, vergeudest du eine bedeutsame Kraft, um wirksam zu werden, die dir eigentlich immer zur Verfügung steht. Wenn du aber nicht bewusst wählst oder entscheidest und dir vormachst, du hättest keine Wahl, dann tust du so, als stünde dir diese Kraft nicht zur Verfügung. Du machst dich auf diese Art ohne Not zum Opfer der Umstände. Damit gibst du deine dir innewohnende Kraft der Entscheidung unbewusst an die Umstände ab. Doch hier ist wieder die dunkle Seite deines Selbst aktiv: Ein ohnmächtiges Opfer zu sein ist einfach wunderbar bequem. Keine Verantwortung, keine Schuld, keine Veränderung.

Immer schön in der Komfortzone bleiben! Hatten wir das nicht schon ...?

Mit der Kraft des Wählens können wir aber nicht nur unser eigenes Leben verändern und voranbringen, sondern wir könnten sogar die Welt verändern – nämlich dann, wenn wir gemeinsam mit anderen wählen und entscheiden. Ein ganz klassisches Beispiel sind Wahlen in demokratischen Staaten. Je nachdem, was wir als Gemeinschaft durch Wahlen bestimmen, also welche Parteien und welches Parteiprogramm wir wählen, gibt es Auswirkungen auf unser kollektives, wenn nicht sogar globales Zusammenleben. Für ein weiteres Beispiel können wir uns unseren Konsum anschauen. In unserem Konsum steckt ebenfalls die Kraft des Auswählens. Stell dir vor, wir würden uns mehrheitlich bewusst dafür entscheiden, keine Produkte mehr von Unternehmen zu kaufen, die der Umwelt schaden oder die Profit aus der Ausbeutung ärmerer Länder ziehen. Was würde dann passieren? Die Unternehmen wären dann gezwungen, zu reagieren und etwas zu verändern. Was, wenn wir uns bewusst dafür entscheiden würden, nicht mehr für solche Unternehmen zu arbeiten? Was würde passieren? Die Unternehmen müssten langfristig schließen oder sich grundlegend verändern.

Wir sind aber hypnotisiert von den in unserem System vorherrschenden Narrativen – die meisten sind kraftraubende Geschichten, in denen wir abhängig und machtlos sind – Opfer der Umstände. Es sind immer nur Überlebensgeschichten. Eine solche Geschichte ist beispielsweise unser wohlbekanntes Modell der abhängigen Arbeit. In dieser Geschichte haben Unternehmen die alleinige Macht – denn sie sind schließlich die Arbeitgeber. Die Mitarbeiter sind in dieser Geschichte die Abhängigen, die Ausführenden. Sie haben nur wenig Macht. Denn wir glauben fest daran, wir bräuchten einen Job in einem Unternehmen, um zu überleben. In Wirklichkeit ist es gerade umgekehrt. Unternehmen brauchen Mitarbeiter, um zu überleben. Wir könnten die Perspektive nämlich genauso gut umdrehen: Unternehmen sind die Arbeitnehmer (sie kaufen Arbeit ein) und Mitarbeiter sind die Arbeitgeber (sie stellen Arbeitskraft zur Verfügung). Wenn wir also gemeinschaftlich aufhören würden, für Unternehmen zu arbeiten, die Mensch und Natur rücksichtslos ausbeuten, könn-

»

Wir glauben fest daran, wir bräuchten einen Job in einem Unternehmen, um zu überleben. In Wirklichkeit ist es gerade umgekehrt. Unternehmen brauchen Mitarbeiter, um zu überleben. Wenn wir aufhören würden, für Unternehmen zu arbeiten, die Mensch und Natur rücksichtslos ausbeuten, könnten wir die Welt verändern.

«

ten wir die Welt verändern. Aber wir tun es nicht, solange wir glauben, alleine nichts verändern zu können, oder wir weiterhin im Überlebensmodus laufen. Wir nehmen noch nicht einmal wahr, dass wir diese Macht überhaupt besitzen.

Wählen aus dem, was nicht angeboten wird

Eine weitere Konditionierung unserer Gesellschaft ist, dass wir glauben, nur aus dem Angebot auswählen zu können, das uns präsentiert wird. Diese Konditionierung ist so tief in uns eingebrannt, dass wir sie noch nicht einmal bemerken. Die angebotenen Möglichkeiten beschränken massiv unser Entscheidungsspektrum. Sie wirken wie ein begrenzender Rahmen, der uns aber gar nicht auffällt, weil wir ja noch immer die Wahl haben. Auf diese Weise wählen wir oft unser ganzes Leben lang nur aus den Dingen, die uns vom Mainstream angeboten werden. Das gilt für den Beruf genauso wie für andere Bereiche. Ohne es zu bemerken, ohne nachzudenken, ob es vielleicht noch andere, sinnvollere Möglichkeiten gäbe, geben wir uns mit den angebotenen Alternativen zufrieden.

Wir wählen aus dem vorgegebenen Fernsehprogramm das aus, was uns gefällt oder was uns am wenigsten auf die Nerven geht. Wir wählen unsere Kleidung und unsere Gebrauchsgegenstände aus dem aus, was uns Mode und Handel anbieten. Selbst im Restaurant halten wir uns meist an die Speisekarte und wagen es typischerweise nicht, außerhalb der Karte zu bestellen. Wir wollen ja nicht unhöflich sein oder aus dem Rahmen fallen. Wir wählen für unsere Kinder aus den Schulformen, die uns angeboten werden, aus, ohne zu prüfen, wie sinnvoll diese für unsere Kinder sind. Nach der Schulzeit als junge Erwachsene wählen wir eine Ausbildung oder ein Studium gemäß den vorhandenen Berufslisten oder Studienangeboten. Wir tun dies, obwohl uns vielleicht etwas völlig anderes interessiert, was aber leider so nicht angeboten wurde. Also versuchen wir uns eben irgendwie in vorhandene Strukturen einzupassen. Wir sind der Überzeugung, dass es nichts anderes gibt, aus dem wir wählen können. Nach der Ausbildung suchen wir uns dann aus den angebotenen Stellenanzeigen im Internet oder in der Zeitung einen Job, der hoffentlich halbwegs zu uns passt, und versuchen, beim Vorstellungsgespräch einen möglichst guten Eindruck zu machen. Mit Leidenschaft und Inspiration hat das eigentlich nicht so viel zu tun. Der ganze Vorgang erinnert mehr an Aschenputtels Stiefschwestern, die sich eine Zehe oder die Ferse abschneiden, um in den Schuh ihrer Schwester zu passen und auf diese Weise den Prinzen heiraten zu können. So vergeuden wir unsere Kraft des Wählens an Mittelmaß und Kompromisse. Wir passen uns an, anstatt uns für Leidenschaft, Begeisterung und unsere Berufung zu entscheiden.

Aber was, wenn deine Leidenschaft, das, wofür du brennst, nicht in einem Studium oder einer Ausbildung angeboten wird? Was, wenn deine Berufung in den Joblisten des Arbeitsamtes oder in den Stellenanzeigen der Wirtschaft nicht auftaucht? Eine Dienstleistung, von der Unternehmen oder die Welt noch nicht einmal wissen, dass sie sie dringend brauchen? Ein Teil meiner Berufung ist es, Krusten bei Menschen aufzubrechen, damit das, was lebendig ist, wieder zum Vorschein kommen kann. Aber hast du schon einmal eine Stellenanzeige gesehen, in der eine Krustensprengerin gesucht wurde? Ich finde ja persönlich, dass jedes Unternehmen, das etwas auf sich hält, eine solche Person beschäftigen sollte! Die meisten Unternehmen sind aber ebenfalls im Mainstreamsystem gefangen. Habe ich dann einfach Pech gehabt? Bin ich zur falschen Zeit in diese Welt geboren worden? Hat das Universum einen Fehler gemacht? Möglich! Es könnte aber auch einfach sein, dass unser System, also unsere westliche, zivilisierte, kapitalistisch geprägte Kultur, nicht daran interessiert ist, dass Menschen ihre Berufung leben oder ermächtigt werden, die ihnen innewohnende Kraft zu entfalten. Kraftvolle Menschen, die sich ihrer Macht bewusst sind und diese auch ausüben – oh nein, wo kämen wir da hin? Solche wahrhaft erwachsenen Menschen wären viel weniger leicht zu manipulieren und zu steuern. Was würde mit Wirtschaft und Staat passieren, wenn auf einmal alle Bürger den Mut hätten, ihr Ding zu machen? Eine Katastrophe!

Was bedeutet das für dich und deine Berufung, deinen dir ganz natürlich innewohnenden Wunsch nach Selbstverwirklichung? Du kannst also weiterhin wie hypnotisiert nur aus dem Angebotenen wählen oder du beginnst, das Spektrum zu erweitern und wählst auch aus dem, was nicht angeboten wird. Ein einfacher Weg könnte sein, kein einzelnes Fach zu studieren, sondern dir selbst ein Studium gemäß deinen Interessen zusammenzustellen. Okay, es wird später schwieriger werden. Vielleicht hast du keinen offiziellen Abschluss am Ende deiner Studienzeit. Du kannst dich danach nicht Diplom-Irgendwas oder Master-Sowieso nennen. Aber wenn es schon kein offizielles Studium gibt, das deiner Leidenschaft entspricht, dann wird auch dein Traumjob kein normaler Job sein, für den du dieses Diplom benötigst. Du könntest deine besondere Dienstleistung auch in einer Selbstständigkeit oder in einem eigenen Unternehmen anbieten. Oder du überzeugst das Unternehmen mit deiner Leidenschaft davon, dass du genau die oder der Richtige für den Job bist. Für die Macht deiner Entscheidung möchte ich dir nur sagen: Es gibt heutzutage wirklich keinen Mangel mehr an Möglichkeiten, sein Ding zu machen. Selbst in dem Unternehmen, in dem du gerade arbeitest, könnte ein neuer Job, eine neue Position entstehen, wenn du das Unternehmen davon überzeugen kannst, dass es deine besondere Dienstleistung unbedingt braucht, um erfolgreich zu sein.

Hierzu wieder ein Beispiel aus meinem eigenen Leben. 2005 war ich bereits seit einigen Jahren als freiberufliche Trainerin im Auftrag einer Unternehmensberatung in unterschiedlichen Kundenprojekten tätig. Für diese Projekte war ich ziemlich viel unterwegs – und das in ganz Deutschland, von der Nordsee bis ins Allgäu und von Thüringen bis ins Ruhrgebiet. Teilweise bis zu zweihundert Tage pro Jahr. Ich war eigentlich immer auf der Durchreise. Irgendwann wachte ich nachts auf und ein Mann lag neben mir im Bett. Ich dachte, ich sei im Hotel bei irgendeinem Auftrag, und bekam einen Riesenschreck, weil da ein Mann neben mir lag. Panisch rutschte ich in Richtung Bettkante und dann bemerkte ich: Ich war gar nicht im Hotel. Ich war zu Hause und der Mann, der da seelenruhig neben mir im Bett schlief, war mein Mann. In dem Moment wurde mir klar: Ich war zu viel auf Reisen. Ein Teil meines Systems kam einfach nicht mehr hinterher. Also fragte ich mich, was ich tun kann, um weiterhin meinem Lieblingsjob als Trainerin nachzugehen und gleichzeitig viel weniger unterwegs zu sein. Meine nächste Frage war (erinnerst du dich an die drei Kräfte? Fragen ist eine dieser Kräfte!): Was könnte diese Unternehmensberatung von mir brauchen, was sie weiterbringt und gleichzeitig mich als Trainerin weniger unterwegs sein lässt? Ich nutzte die Gunst der Stunde. Die Firma war gerade kräftig am Wachsen und benötigte dazu neue Trainer. Diese mussten rekrutiert, ausgewählt und ausgebildet werden. Bisher hatte der Geschäftsführer selbst nebenbei diese Aufgabe wahrgenommen. Durch das Wachstum war aber auch sein Arbeitspensum mächtig gestiegen. Ich wartete also nicht, bis eine entsprechende Stelle ausgeschrieben wurde, sondern erarbeitete ein Konzept und präsentierte dem Geschäftsführer meinen Plan, wie ich zukünftig für sein Unternehmen Trainer rekrutieren, auswählen und ausbilden wollte. Meine Präsentation war dermaßen überzeugend und der Nutzen für die Firma so deutlich zu erkennen, dass er nicht eine Sekunde zögerte. So erschuf ich mir also selbst meine neue Position als Chef-Trainerin und Trainerausbilderin in dieser Unternehmensberatung. Ich hatte weiterhin jede Menge Trainings – die meisten davon aber vor Ort, in den Geschäftsräumen der Firma, gerade zwölf Kilometer von meinem Zuhause entfernt.

So geht für mich Wählen aus dem, was nicht angeboten wird. Ich gebe zu, es braucht Mut und es fühlt sich vielleicht etwas merkwürdig an, sich nicht an die Speisekarte zu halten. Aber es benötigt Hingabe und Kreativität. Die Auswahl vergrößern kann eben auch bedeuten, dass man nicht bequem unter fertigen Lösungen wählen kann, sondern sich selbst das Hirn zermartern muss. Das ist dann der Preis, den wir zu zahlen bereit sein sollten, wenn wir unseren Beruf lebendig und gemäß unseren Vorstellungen gestalten wollen. Doch deutlich sollte vor allem werden: Das bewusste Wählen ist eines unserer kraftvollsten Werkzeuge, um einen Job gemäß unserer Berufung zu kreieren oder um im erweiterten Sinn das Leben zu bekommen, das uns ausfüllt und glücklich macht.

Wählen ohne Grund

So. Einen habe ich noch. Aber ich mache es kurz. Dann ist genug gesagt zur Kraft des Wählens. Ein weiterer kleiner, aber nicht zu vernachlässigender Aspekt des Wählens, zu dem wir erzogen und konditioniert werden, besteht darin, immer einen guten und logisch nachvollziehbaren Grund dafür liefern zu wollen, wenn wir eine Entscheidung treffen.

»Ich gehe heute nicht joggen, ***weil*** *es draußen regnet.«*
»Ich kann am Wochenende nicht mit dir Eis essen gehen, ***weil*** *ich noch so viel zu tun habe.«*
»Ich mache dieses Jahr in Chile Urlaub, ***weil*** *ich dort Bekannte habe, die ich besuche.«*

Egal ob wir einen Grund für uns selbst oder für andere liefern – eine Entscheidung ohne Grund zu treffen, erscheint uns unnatürlich, unklug und manchmal sogar unhöflich. Einfach weil wir es so gewohnt sind und weil wir dazu erzogen werden. Unsere Entscheidungen sollen gerechtfertigt sein, wir wollen andere mit unserer Entscheidung nicht vor den Kopf stoßen oder wir wollen gut dastehen vor anderen und uns selbst. Was wir dabei vergessen: Bei unseren Entscheidungen spielt nicht nur unser Verstand eine Rolle, sondern immer auch unsere Intuition, unser sogenanntes Bauchgefühl.

In Studien haben Wissenschaftler herausgefunden, dass sich unser limbisches System – die Hirnregion, die für Emotionen und Gefühle zuständig ist – an jeder Entscheidung beteiligt. Das passiert unbewusst und in Sekundenbruchteilen. Du erinnerst dich an das Kapitel über die Angst? Angst als Gefühl, das direkt mit unserem Überlebensmechanismus verbunden ist und uns in Notfällen intuitiv entscheiden und handeln lässt? Das Gefühl Angst ist deshalb das Tor zu unserer Intuition. Wir müssen uns nur eine mögliche Option für eine Entscheidung vorstellen und in Sekundenbruchteilen haben wir ein Bauchgefühl dazu – und zwar ohne irgendeine rationale Begründung. Die kommt erst danach! Denn unsere Intuition und das limbische System arbeiten unglaublich schnell – viel, viel schneller als unser Verstand. Dagegen ist unser Verstand eine lahme Schnecke. Das rationale Abwägen kommt erst nach dem ersten Bauchgefühl, egal ob uns das bewusst ist oder nicht. Dann suchen wir in unserem Verstand nach rationalen Vorteilen und Nachteilen, wägen ab und versuchen so, die richtige Entscheidung für uns zu treffen und zu begründen. Meist versuchen wir dadurch aber nur das, was sich vorher sowieso schon gut angefühlt hat, positiv mit Gründen zu untermauern. Oder das, was sich vorher schon schlecht angefühlt hat, mit negativen Begründungen auszuschließen. Oder wir versuchen das, was sich im Vorfeld als stimmig und richtig angefühlt hat, durch rationale Argumentation zu entkräften, um nichts verändern zu müssen. Aber eigentlich haben wir unsere Entscheidung schon lange getroffen. In unserer rational geprägten Kultur hätte eine solche Entscheidung, die rein durch das Bauchgefühl begründet ist, aber keine Berechtigung, keine Gültigkeit, sondern würde im schlimmsten Falle als »Spinnerei« abgetan.

Aber welchen Vorteil sollte es haben, auch ohne Grund wählen zu können? Es ist doch okay, wenn ich auch noch rationale Gründe für meine Entscheidung liefern kann und dadurch mein erstes Bauchgefühl überprüfe. Natürlich ist das okay. Gleichzeitig geht es auch hier wieder um Bewusstsein und das Hinauswachsen über die gesellschaftliche Konditionierung, um mehr Möglichkeiten und eine Wahl zu haben. Denn wenn ich nur entscheiden kann, wenn ich eine logische Begründung liefern kann, und ich mich auch nur für das entscheiden kann, was rational nachvollziehbar und erwünscht ist, dann schränkt das meine Möglichkeiten wieder gewaltig ein. Zusätzlich gibt es einen weiteren Aspekt, der dabei eine große Rolle spielt und der uns in der Regel nicht bewusst ist. Dieser Aspekt betrifft deine Handlungsmacht und Schöpferkraft. Lass uns doch einmal genauer hinsehen: Was passiert mit unserer Kraft, wenn wir eine Begründung für unsere Wahl, für unsere Entscheidung liefern? Hier der Vergleich:

»Ich gehe heute nicht joggen.« (Punkt!)
»Ich gehe heute nicht joggen, ***weil*** *es draußen regnet.«*

Wer besitzt die Kraft bei der ersten Aussage? Wer besitzt die Kraft bei der zweiten Aussage? Vielleicht kannst du den Unterschied wahrnehmen, wenn du beide Varianten laut aussprichst. Bei der ersten Variante liegt die Kraft, die in der Entscheidung steckt, bei dir selbst. In dieser Version bist du der Schöpfer, einfach indem du deine Entscheidung triffst. Bei der zweiten Variante überträgst du dem Grund die Kraft – in diesem Fall dem Wetter. Wir geben also auch hier, ähnlich wie beim unbewussten Entscheiden, unsere Kraft ab, nämlich an die rationale Begründung für unsere Entscheidung. Wir geben damit den Umständen (beispielsweise dem Regen) die Macht und machen uns unbewusst zum Opfer der Umstände. Wie wäre es für dich, ohne Grund zu wählen und zu entscheiden? Es ist am Anfang ziemlich ungewohnt. Aber ich kann dir aus eigener Erfahrung sagen, dass es einen riesigen Unterschied ausmacht, wenn du anfängst, dir zu erlauben, zu wählen und zu entscheiden, ohne einen Grund dafür zu liefern. Eine Entscheidung darf sich einfach auch nur gut anfühlen. Fertig! Keine Rechtfertigung mehr dir selbst oder anderen gegenüber notwendig – keine Geschichten mehr! Natürlich kannst du, wenn dich jemand nach dem Warum fragt, eine Geschichte liefern. Oder eben auch nicht und du sagst einfach so etwas wie: »Es fühlt sich einfach stimmig an für mich.« Die Menschen in meinem Freundeskreis haben sich mittlerweile auch daran gewöhnt, dass ich Entscheidungen treffe, ohne eine Begründung zu liefern. Wenn mich beispielsweise jemand einlädt und ich entscheide, nicht zu kommen, sage ich einfach: »Danke für die Einladung, aber ich bin diesmal nicht mit von der Partie.« Punkt! Manchmal frage ich mein Gegenüber dann noch: »Brauchst du eine Begründung dafür?« Dann fangen sie in der Regel an zu lachen und sagen: »Nein, nein, alles gut.«

Es ist notwendig, eine Zeit lang bewusst auf deine eigenen Entscheidungen zu achten und der antrainierten Neigung zu widerstehen, deine Wahl rational zu begründen. Versuche es, probiere es aus – vielleicht zunächst mit kleinen Entscheidungen – und nimm den Unterschied wahr. Du wirst mit der Zeit spüren, wie die darin enthaltene Schöpferkraft Stück für Stück zu dir zurückkehrt.

Das Geheimnis

Weil etwas lange Zeit funktioniert hat, heißt das nicht, dass dies weiterhin genauso funktionieren muss. Die Zeiten ändern sich und das System hinkt in der Regel hinterher. Neben dem einen vorgegebenen, linearen Weg zum Traumjob gibt es unendlich viele, nicht lineare Möglichkeiten, um der Welt genau das zur Verfügung zu stellen, was sie braucht, dich inspiriert und dich gleichzeitig ernährt. Es gibt neben den klassisch angebotenen Studiengängen viele andere Möglichkeiten, genau das zu lernen, was du lernen willst oder was gebraucht wird. Es gibt neben Jobangeboten im Internet oder in der Zeitung viele andere Möglichkeiten, dir deinen Traumjob selbst zu kreieren. Wählen und Entscheiden ist deine unveräußerliche Kraft, die du jederzeit nutzen kannst. Du kannst jederzeit auch aus dem wählen, was nicht oder noch nicht angeboten wird. Zusätzlich hast du das uneingeschränkte Recht, Entscheidungen auch ohne Grund zu treffen. Deine Wahl darf auch alleine darauf basieren, dass sie sich gut und stimmig anfühlt. Stelle dir dein eigenes Studium zusammen und erschaffe dir deinen eigenen »Arbeits(t)raum«. Mach dein Ding, gebe dich nicht mit gegebenen Strukturen und Angeboten zufrieden. Wenn die Regeln nicht oder noch nicht bieten, was du benötigst, dann verändere die Regeln.

So machst du dir den Weg frei!

Du erkennst, dass deine Kraft des Wählens nicht auf das beschränkt sein muss, was das System vorgibt oder was dir von außen angeboten wird. Du beginnst, bewusst auch aus dem zu wählen, was nicht angeboten wird, weil es deiner Berufung und deiner Vision entspricht – auch wenn diese Wahl Unsicherheit bedeutet und Mut braucht. Dir ist bewusst, dass Sicherheit eine Illusion ist. Du erschaffst dir durch deine Entscheidungen aktiv ein Umfeld, in welchem du deine Berufung in Aktion sein und dein Ding machen kannst. Du bist in der Lage, zentriert zu bleiben, wenn dein Umfeld dir mitteilt, dass dies unmöglich ist. Du fängst an, dir zu erlauben, auch ohne rationalen Grund Entscheidungen zu treffen. Du machst dich unabhängig davon, dass andere deine Entscheidung nachvollziehen oder gutheißen müssen.

Mind-Changer-Fragen

Wo beschränkst du deine Wahl auf das vorhandene Angebot und passt dich damit dem System an?

Wie könntest du dem Unternehmen, in dem du gerade arbeitest, mit deiner Berufung nützen? Was könntest du tatsächlich für das Unternehmen tun? Welche deiner Talente und Leidenschaften bleiben in deinem aktuellen Job ungenutzt?

Was hindert dich bisher daran, auch aus dem zu wählen, was nicht angeboten wird (beispielsweise im Restaurant)?

Wie fühlt es sich für dich an, auch ohne Grund zu entscheiden? Was hindert dich bisher daran, das zu tun?

Hürde #11

Du lebst das Leben eines anderen

Es gibt auf unserer inneren Festplatte eine Menge alter gespeicherter Gefühle und Geschichten, die alle ihre Wirkung in unserem Leben entfalten, ohne dass wir uns darüber bewusst sind. Wie alte im Hintergrund laufende Computerprogramme werden diese ausgelöst, wenn irgendjemand auf den entsprechenden roten Knopf drückt. Wir reagieren dann emotional, ohne dass wir eine andere Wahl hätten – ganz automatisch. Einige dieser alten Geschichten und Gefühle gehören zudem noch nicht einmal uns. Wir haben sie von anderen (ungeprüft) übernommen. Im Kapitel »Du hast deine Gefühle noch nicht in Besitz genommen« (ab Seite 57) habe ich über die Kraft von bewussten Gefühlen gesprochen und dass wir Zugang zu unseren Gefühlen brauchen, um unser Ding zu machen. Gefühle – nämlich unsere vier Grundgefühle Wut, Angst, Traurigkeit und Freude – geben uns wichtige Informationen und Kraft zum Handeln, wenn wir bewusst mit ihnen umgehen können. Neben Gefühlen gibt es aber auch noch Emotionen, und es gibt einen Unterschied zwischen Gefühlen und Emotionen, auch wenn wir in unserem Sprachgebrauch beide Begriffe für gewöhnlich gleichbedeutend benutzen. Dadurch, dass wir meist keinen Zugang zu unseren Gefühlen haben und unsere Gefühlswelt sich im Unbewussten abspielt, kennen wir in der Regel auch nicht den Unterschied zwischen einem authentischen Gefühl und einer emotionalen Reaktion. Aber diese Unterscheidung ist essenziell! Ganz allgemein für ein erfolgreiches und selbstbestimmtes Leben, aber vor allem auch, wenn du deine Berufung zum Beruf machen willst. Kennst du den Unterschied nicht, kann dies dich daran hindern, dein Ding zu machen.

Gefühle versus Emotionen

Was ist also der Unterschied? Ein authentisches Gefühl taucht im Hier und Jetzt auf, du fühlst es, du nutzt es aktiv und es verschwindet wieder. Es hat einen direkten Bezug zu dem, was gerade passiert. Ein Beispiel: Ich sitze in meinem Büro und arbeite konzentriert an einem Artikel für eine Fachzeitschrift. Mein Mann kommt von der Arbeit nach Hause. Er kommt in mein Büro, begrüßt mich, setzt sich auf einen Stuhl und fängt an, über seinen Tag zu sprechen. Ich fühle Freude und gleichzeitig steigt ein wenig Wut in mir auf – ungefähr zehn Prozent –, weil ich mich in meiner Konzentration gestört fühle. Ich bin mit meinen Gedanken noch bei meinem Artikel und gleichzeitig interessiert mich natürlich auch, was er heute so alles erlebt hat. Also nutze ich die kleine Wut, um Klarheit zu schaffen und eine Grenze zu setzen. Ich sage so etwas wie: »Schatz, warte einen Moment! Ich möchte dir gerne zuhören, bin aber gerade noch dabei, einen Artikel zu schreiben. Gib mir noch fünf Minuten, um diesen einen Gedanken zu Ende zu bringen, und dann bin ich mit meiner ganzen Aufmerksamkeit bei dir.« Dazu muss ich nicht schreien oder ihn angiften. Die kleine Wut hilft mir, klar und bestimmt zu sagen, was ich brauche, ohne mein Gegenüber zu verletzen. Mein Mann sagt: »Klar, kein Problem! Dann gehe ich mich schnell umziehen.« Er verlässt das Büro und meine Wut ist verschwunden. Ich kann meinen Gedanken noch zu Ende führen und treffe mich dann eine Viertelstunde später mit ihm zum Kaffee im Wohnzimmer. So läuft das mit authentischen Gefühlen im Hier und Jetzt, wenn wir in der Lage sind, sie aktiv zu nutzen.

Eine Emotion oder emotionale Reaktion ist ein Gefühl, das einen anderen Ursprung hat. Es kommt entweder aus deiner Vergangenheit, und zwar meist aus traumatischen, schmerzhaften Erfahrungen, die du irgendwann einmal gemacht hast. Oder es ist ein Gefühl, das gar nicht wirklich zu dir gehört, weil du es ungeprüft von anderen, beispielsweise deinen Eltern, übernommen hast, ohne dass du selbst eine entsprechende Erfahrung gemacht hast. Emotionen fühlen sich genauso an wie Gefühle. Sie bestehen also auch aus Wut, Traurigkeit, Angst und Freude und insbesondere auch aus vermischten Gefühlen – wir können sie aber nicht wirklich aktiv nutzen, um etwas zu tun oder zu verändern. Eine Emotion ist wie ein altes Gefühlsprogramm, das durch einen Trigger im Hier und Jetzt ausgelöst wird, aber eigentlich gar nichts mit der aktuellen Situation oder der Person, die den Trigger ausgelöst hat, zu tun hat. Wir wiederholen einfach ein altes Muster, das wir von früher kennen beziehungsweise das in der Vergangenheit in uns angelegt wurde.

Bei der in diesem Kapitel beschriebenen Hürde möchte ich auf die Gefühle eingehen, die wir von anderen ungeprüft übernommen haben oder immer noch übernehmen. Solange das unbewusst passiert, leben wir nämlich im Grunde das Leben eines anderen.

Zwei Arten von Emotionen

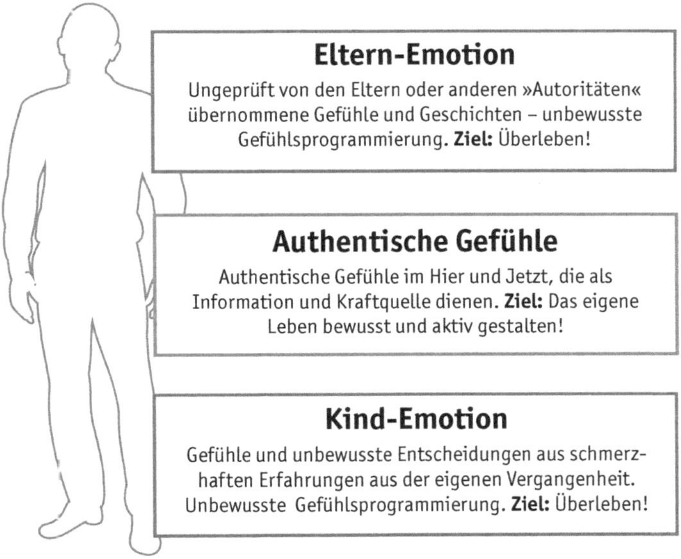

Die Eltern-Emotion – übernommene Gefühle und Geschichten, die nicht zu dir gehören

Ich bin in einem Elternhaus groß geworden, in dem Geld immer knapp war und deshalb hart dafür gearbeitet wurde. Die Angst meiner Eltern, die drei Kinder nicht ernähren zu können, war für mich als Kind deutlich spürbar und ein ständiger Begleiter. Diese Angst habe ich in den achtzehn Jahren, die ich zu Hause verbracht habe, bis in die letzte meiner Zellen aufgesogen. Dies führte dazu, dass ich später in meinem erwachsenen Leben ebenfalls immer diese Existenzangst mit mir herumtrug, selbst in Zeiten, in denen ich genügend Geld zur Verfügung hatte. Außerdem arbeitete ich hart – bereits als Studentin. Bis mir irgendwann klar wurde, dass diese Angst nicht meine Angst war, sondern die Angst meiner Eltern. Auch die Geschichte, dass Arbeit hart sein muss und kein Vergnügen darstellt, konnte ich als die Geschichte meiner Eltern identifizieren und dann dadurch bewusst loslassen.

Von Clinton Callahan, einem bekannten amerikanischen Autor und Begründer des Possibility Management, wird diese Art der Emotion oder emotionalen Programmierung treffend als Eltern-Emotion bezeichnet (Callahan 2016), weil wir in unseren frühen Jahren eben hauptsächlich von unseren Eltern unbewusst solche Gefühle oder Gefühlsprogramme übernehmen. Das ist ganz normaler Teil unserer unbewussten Konditionierung auf der emotionalen Ebene und unseres Lernprozesses in der Kindheit und Jugend. Dies dient nur einem Zweck: unserem Überleben. Solange wir aber unbewusst mit unseren Gefühlen umgehen, ist die Wahrscheinlichkeit groß, dass wir auch als Erwachsene weiterhin von anderen Autoritäten deren Gefühle oder Gefühlsprogramme übernehmen. Weil wir es einfach so gewohnt sind. Diese Autoritäten können beispielsweise Lehrer, Ärzte, Chefs oder Politiker sein. Aber auch Institutionen, Religionen, Parteien, die Medien, Vereine oder Freundeskreise können unser Unterbewusstsein mit Gefühlsprogrammen füttern. Im Grunde begegnen uns diese emotionalen Konditionierungs- und Manipulationsversuche ständig und überall. Wenn wir da nicht wach genug sind beziehungsweise keinen bewussten Zugang zu unseren Gefühlen haben, passiert es ganz schnell, dass wir solche externen Emotionen einfach übernehmen. Um in der Computer-Metapher zu bleiben, die ich jetzt mehrfach benutzt habe, entsprechen solche Programme am ehesten einem Trojaner – also einem für uns meist schädlichen, versteckten Programm, das sich als nützliche Software tarnt.

Vor Kurzem habe ich eine Dokumentation über Versicherungen im Fernsehen gesehen. Es ging vor allem um den Sinn und Unsinn von Versicherungen, denn gerade wir Deutschen lassen uns gerne Versicherungen für alles Mögliche aufschwatzen. Die meisten Versicherungsprodukte sind für uns nüchtern betrachtet vollkommen unnötig, dennoch sind sie beliebt. In der Dokumentation wurden die typischen Strategien von Versicherungsverkäufern aufgezeigt. Ein Versicherungsvertreter sagte im O-Ton: »Wissen Sie, man muss nur laut genug mit dem Sargdeckel klappern, dann schließen die Leute ganz schnell eine Versicherung ab.« Ein typisches Beispiel, wie Emotion von außen geschürt wird, egal ob bewusst oder unbewusst – und schwups, haben wir uns von einer »externen Autorität« Angst machen lassen und unterschreiben den Versicherungsvertrag. Denn wir haben ja immer noch Angst vor der Angst und wollen sie um jeden Preis vermeiden.

Oftmals ist es also unbewusste Angst, die wir von anderen übernehmen. Es können aber auch Wut oder Traurigkeit von anderen Menschen sein, die du unbewusst übernimmst oder vor langer Zeit übernommen hast. Jetzt hindern sie dich daran, dein Ding zu machen. Vielleicht waren deine Eltern nicht so vermögend und hegten Wut gegen all die »Reichen und Großkotzigen da oben«, die aus ihrer Sicht machen konnten, was sie wollten. Vielleicht ließen sich deine Eltern auch, als du noch klein warst, in deiner Gegenwart wortreich und wütend über solche Menschen aus. Selbst solche Erlebnisse können zu einer emotionalen Prägung bei dir geführt haben und bewirken, dass du ebenfalls eine unbewusste Wut gegen reiche und »großkotzige« Menschen hegst, obwohl du gar keine eigenen negativen Erfahrungen mit ihnen in deinem Leben gemacht hast. Innerlich führte das unter Umständen dazu, dass du deren Lebensart ablehnst und die unbewusste Entscheidung in dir trägst: »So wie die werde ich nie!« Und schon ist die Tür zu einer ganzen Reihe von Möglichkeiten verschlossen. Großkotzig zu sein ist vielleicht nicht unbedingt ein erstrebenswertes Ziel, aber was spricht gegen wohlhabend oder sogar vermögend oder reich? Leider macht dein unbewusstes emotionales Programm in dieser Hinsicht aber keinen Unterschied.

Ich hatte einmal eine Klientin im Coaching, die zwar bereits ihre Berufung zum Beruf gemacht hatte, aber finanziell auf keinen grünen Zweig kam. Während des Coachings fanden wir dann heraus, dass sie einerseits eine alte Geschichte von ihren Eltern übernommen hatte, nämlich den Glaubenssatz, dass Geld etwas Schmutziges sei. In ihrem Denksystem war Geld also mit der Emotion von Scham verknüpft. Diese Scham war aber nicht ihre eigene Scham, sondern die ihrer Eltern – eine typische Eltern-Emotion. Die zweite Prägung im Unbewussten, die wir an die Oberfläche beförderten, war, dass sie Menschen, die viel Geld besaßen, aus tiefstem Herzen ablehnte. Sie trug die Überzeugung in sich, dass man nur mit unlauteren Mitteln zu Reichtum kommen könne. Es befand sich eine Menge unbewusste Wut auf reiche Menschen in ihrem System, die sich aber ebenfalls nicht auf eigenen Erfahrungen begründete. Diese elterlichen Emotionen, nämlich die Scham in Bezug auf Geld und die Wut auf vermögende Menschen, hielten sie also davon ab, finanziell auf einen grünen Zweig zu kommen. Sie lebte in Bezug auf Geld unbewusst das Leben ihrer Eltern. Erst durch das bewusste Erkennen dieser emotionalen Programmierungen ist sie jetzt in der Lage, sich selbst dabei zu beobachten, wann ihr Muster anspringt. So hat sie auch gelernt, einen kleinen Spalt zwischen Reiz und Reaktion zu setzten und sich in entscheidenden Momenten nun bewusst für Geld zu entscheiden und beispielsweise angemessene Honorare zu verlangen. Sie handelt nun immer öfter anders als früher. So programmiert sie ihre alten Muster um und macht den Weg frei für ihren finanziellen Erfolg.

Die Angst und die Erwartungen deines Umfelds

Wenn du anfängst, erste Schritte in Richtung deiner Berufung zu machen, und das vielleicht bedeutet, einen neuen Beruf auszuüben, dann wird das mit hoher Wahrscheinlichkeit damit verbunden sein, dass du deinen jetzigen, scheinbar sicheren Job irgendwann kündigst. In diesem Moment wirst du mit Widerstand und Angst aus deinem Umfeld rechnen müssen. Bei mir ging das schon los, als ich unzufrieden mit meinem Studium war und das Studium abbrechen wollte. Bereits an diesem Punkt stürzte eine Welle von Panik aus meinem Umfeld auf mich ein. Von Studienkollegen, die mich fragten: »Ja, was willst du denn dann machen? Willst du Putzfrau werden, oder was?« Bis hin zu meinen Eltern, die mich inständig anflehten, doch die paar Semester noch fertig zu machen, damit ich dann wenigstens einen

Abschluss hätte. Natürlich hatten sie dabei mein Bestes im Sinn, weil ich ihnen wichtig bin – aber es waren ihre eigenen Ängste, die aus ihnen sprachen und die sie auf mich übertragen wollten. Das ist komplett normal und erwartbar. Damit solltest du auch bei dir rechnen und lernen, damit umzugehen. Im besten Falle grenzt du dich davon ab und machst dir bewusst, wessen Angst gerade im Raum ist, deine oder die der anderen. Es wird dabei nicht nur Angst, sondern es werden vielleicht auch andere Gefühle wie Wut oder Traurigkeit sein, die dir dann von außen entgegenkommen:

- »In deinem Alter nochmal völlig von Neuem anfangen – wie stellst du dir das vor?«
- »Denkst du eigentlich auch mal an deine Familie? Deine Kinder brauchen dich doch noch!«
- »Du hast doch so einen tollen Job – inklusive Firmenwagen. Willst du das wirklich alles aufgeben?«
- »Bist du sicher? Gerade jetzt, in Zeiten von Corona, würde ich an deiner Stelle doch noch ein bisschen warten, bis sich alles wieder beruhigt hat.«

Ja, es kann sein, dass dein Umfeld damit in dem einen oder anderen Fall vollkommen recht hat. Es geht auch hier wiederum um Bewusstheit und darum, eine Wahl zu haben, anstatt automatisch aus einem emotionalen Programm heraus zu reagieren. Wenn du keinen bewussten Zugang zu deinen Gefühlen und zu deinen emotionalen Programmierungen hast, dann hast du eben keine Wahl und dann übernimmst du die Angst, Wut oder Traurigkeit von anderen, passt dich entsprechend an und lebst in dieser Hinsicht deren Leben anstatt dein eigenes.

Auch unausgesprochene und ausgesprochene Erwartungen von anderen haben manchmal zur Folge, dass wir uns diesen Erwartungen anpassen und dadurch das Leben eines anderen führen, anstatt unser eigenes Ding zu machen. Hier ein paar Klassiker, die du vielleicht in der einen oder anderen Variation selbst gehört hast:

- »Du sollst es mal besser haben als wir! Dafür haben wir auf vieles verzichtet und hart gearbeitet.«
- »Zuerst machst du dein Studium fertig und dann trittst du in meine Fußstapfen und übernimmst das Geschäft.«
- »Mach doch erst einmal etwas Vernünftiges, bevor du diese brotlose Kunst erlernst.«
- »Wir sind eben eine Familie von Rechtsanwälten – mein Großvater war Rechtsanwalt, mein Vater auch und ich bin ebenfalls Rechtsanwalt. Was liegt da für dich näher?«
- »Ich wäre so gerne Ärztin geworden, aber damals hatten wir noch nicht eure Möglichkeiten, und mit den Kindern wäre das sowieso nicht gegangen. Wie wäre es mit einem Medizinstudium?«

Wie gesagt, diese Erwartungen müssen noch nicht einmal offen ausgesprochen worden sein – es reicht, wenn sie zwischen den Zeilen wirken und du darauf anspringst.

Das Geheimnis

Wenn du herausfindest, welche Geschichten, Erwartungen und Gefühle in Bezug auf Arbeit, Geld, Sicherheit und so weiter du von anderen übernommen hast, kannst du diese ganz leicht wieder an ihre Besitzer zurückgeben. Da sie nicht zu dir gehören, kannst du sie auch problemlos wieder gehen lassen. Dazu ist es oftmals notwendig, aufmerksam in Bezug auf emotionale Manipulation zu sein und eine klare Grenze gegenüber deinen Eltern oder anderen Autoritäten zu setzen – und dir dadurch deine eigene Autorität von diesen zurückzuholen. Du kannst dir dann anhören, was sie zu sagen haben, und bewusst entscheiden, was du davon übernehmen möchtest und was nicht.

Wenn es für dich okay ist, Angst zu fühlen und mit Angst Neuland zu betreten, und du so beginnst, Schritt für Schritt dein Ding zu machen, beruhigen sich für gewöhnlich auch die Menschen in deinem Umfeld. Meine Eltern haben irgendwann aufgehört, zu fragen oder Ratschläge zu geben, weil sie gemerkt haben, dass es mir gut geht und dass ich ein gewisses Maß an Vertrauen in meinen Weg habe, auch wenn ich nicht wusste, ob es funktionieren würde. Wenn die Menschen in deinem Umfeld merken, dass es dir gut geht und du glücklich bist mit dem, was du tust, wird ihre Angst verschwinden. Es kann aber auch sein, dass du dir dann ein paar neue Freunde suchen musst oder dass sich dein Freundeskreis automatisch verändern wird, denn du bist dann eine wandelnde Erinnerung für jeden in deinem Umfeld, dass es tatsächlich möglich ist, sein Ding zu machen. Manche Menschen möchten eben nicht daran erinnert werden, denn das würde ihre Opfergeschichte, mit der sie sich selbst davon abhalten, ihr Ding zu machen, zu sehr infrage stellen.

So machst du dir den Weg frei!

Du identifizierst, welche Geschichten, Erwartungen und Gefühle du von anderen (beispielsweise von Eltern, Autoritäten und Institutionen) übernommen hast, die dich daran hindern, deine Berufung zu deinem Beruf zu machen. Du setzt diesen Autoritäten – beispielsweise in einem sicher gehaltenen Gefühlsprozess – eine klare Grenze und holst dir damit deine eigene Ermächtigung für dein Leben zurück. Du hörst damit auf, deine Autorität und damit deine Kraft an externe Personen und Institutionen abzugeben und es anderen recht zu machen. Du hörst damit auf, das Problem der anderen zu deinem Problem zu machen, und fängst stattdessen damit an, dein Ding zu machen – selbst wenn dein Umfeld kurzzeitig in Panik verfällt.

Mind-Changer-Fragen

Welche Geschichten und Gefühle in Bezug auf Arbeit, Geld, Sicherheit gab/gibt es in deiner Familie und in deinem Freundeskreis? Welche davon hast du ungeprüft übernommen?

Welche Erwartungen in Bezug auf deine berufliche Entwicklung kennst oder spürst du von Seiten deines Umfelds – von deinen Eltern, von deinem Partner, von deinen Freunden?

Welche Sätze in Bezug auf Arbeit, Beruf, Geld et cetera aus deinem Umfeld klingen noch von früher in deinen Ohren?

Welche Ansichten hast du von deinen Eltern und Großeltern geerbt?

Wovor hast du Angst, obwohl du selbst noch keine eigene negative Erfahrung damit gemacht hast?

Hürde #12

Uralte unbewusste Entscheidungen sind immer noch in dir aktiv

Im vorherigen Kapitel habe ich den Unterschied zwischen authentischen Gefühlen und Emotionen kurz erläutert und bin näher auf die erste Emotionsart, die Eltern-Emotion, eingegangen. In diesem Kapitel geht es um die zweite Art der emotionalen Reaktion, die sogenannte Kind-Emotion. Bei solchen Emotionen handelt es sich um Gefühle und Geschichten, die aus deiner eigenen Vergangenheit stammen – in der Regel resultierend aus schmerzlichen, als traumatisch empfundenen Situationen. In solchen Situationen erleben wir hochintensive Gefühle, mit denen wir aber zu diesem Zeitpunkt nicht umgehen können. Sie überwältigen uns und wir verdrängen sie, um irgendwie zu überleben. Daraus entsteht dann eine emotionale Programmierung, die immer wieder ausgelöst wird, wenn wir in eine ähnliche Situation geraten.

Hier ein einfaches Beispiel, um den Unterschied zwischen Eltern-Emotion und Kind-Emotion noch einmal zu verdeutlichen:

Angst vor Hunden als Kind-Emotion

Nehmen wir an, du wurdest als kleines Kind von einem Hund angegriffen und gebissen. Diese ganze Situation, der überraschende Angriff, der aus deiner Sicht riesige Hund, der über dich herfällt, das Knurren, die gefletschten Zähne, der Schmerz im Arm dort, wo der Hund sich festgebissen hat und immer wieder daran zerrt, deine Mutter, die panisch den Hund und dessen Besitzer anschreit und versucht, dich aus den Klauen des Monsters zu befreien, ... Das alles ließ diese Situation für dich lebensbedrohlich erscheinen und intensive Wellen von Wut, Angst und Traurigkeit flossen in dem Moment durch deinen Körper. Du warst völlig überwältigt von diesen Gefühlen und konntest sie noch nicht bewusst nutzen, um dich von dem Hund zu befreien. Du warst noch zu klein. Natürlich hast du geschrien und geweint und warst in Panik. Um zu überleben, hast du all das irgendwie ausgehalten und innerlich eine bewusste oder unbewusste Entscheidung getroffen: »Hunde sind lebensgefährlich und unberechenbar! Ich kann mich gegen Hunde nicht wehren.« Immer, wenn du dann später in deinem erwachsenen Leben einem Hund begegnest – egal ob dieser an der Leine geht oder freundlich schwanzwedelnd auf dich zukommt –, springt dieses alte emotionale Programm an. Die emotionale (= unbewusste, programmierte) Angst und die alte Entscheidung von damals kommen hoch und lassen dir keine andere Möglichkeit, als zur Salzsäule zu erstarren oder dem Hund weiträumig aus dem Weg zu gehen.

Angst vor Hunden als Eltern-Emotion

Nicht du, sondern deine Mutter (oder dein Vater) hat als Kind das erlebt, was ich oben unter Kind-Emotion beschrieben habe. Von klein auf nimmst du wahr, dass deine Mutter bei jeder Begegnung mit einem Hund in Panik verfällt. Du kannst ihre Angst geradezu spüren, denn du bist noch in einem Alter, in dem die Angst deiner Eltern für dich Unsicherheit bedeutet. Gleichzeitig wird deine Mutter nicht müde, dir immer wieder zu sagen: »Hunde sind gefährlich und unberechenbar! Halte dich lieber fern von ihnen, denn du kannst nicht wissen, ob sie dich nicht im nächsten Moment angreifen und verletzen! Schau hier, die Narben an meinem Arm – die kommen von so einem Hundeangriff. Ich hatte damals Glück, dass nichts Schlimmeres passiert ist.« Du internalisierst diese Angst und die Geschichte deiner Mutter über Hunde. Immer, wenn du dann später in deinem erwachsenen Leben einem Hund begegnest – egal ob dieser an der

Leine geht oder freundlich schwanzwedelnd auf dich zukommt –, springt diese Eltern-Emotion an. Die emotionale (= unbewusste, programmierte) Angst, die du von deiner Mutter übernommen hast, und ihre alte Geschichte über Hunde lassen dir keine andere Möglichkeit, als zur Salzsäule zu erstarren oder jedem Hund großräumig aus dem Weg zu gehen.

Die Kind-Emotion – emotionale Programmierung aus deiner eigenen Vergangenheit

Das ist der Unterschied zwischen Eltern-Emotion und Kind-Emotion – das Ergebnis ist in der Regel aber sehr ähnlich. Du hast keine echte Wahl. Die emotionale Programmierung aus einem alten Gefühl heraus, das immer wieder hochkommt, verbunden mit den Entscheidungen, die du in solchen traumatischen Situationen in deiner Vergangenheit bewusst oder unbewusst getroffen hast, können dich ebenfalls davon abhalten, dein Ding zu machen. Dies können Entscheidungen sein, die du bereits in deiner frühen Kindheit, während deiner Geburt oder sogar noch früher getroffen hast. Mit der Verdrängung des traumatischen Erlebnisses und der damit zusammenhängenden Gefühle hast du auch diese Entscheidungen in dein Unterbewusstsein verschoben, von wo aus diese unbemerkt ihre Wirkung entfalten können. Solche Entscheidungen sind auch als »alte Glaubenssätze« bekannt. Die noble Absicht dahinter ist auch hier, dein Überleben zu sichern.

Hier wieder ein kleines Beispiel aus meinem eigenen Leben: Ich kann mich an eine Situation in meiner Kindheit erinnern, in der ich so eine Entscheidung ganz bewusst getroffen habe – es war sogar viel mehr als eine Entscheidung, es war ein Schwur. Aufgrund eines schmerzlichen Erlebnisses mit meiner Mutter habe ich mir damals geschworen, dass niemals mehr irgendjemand so viel Macht über mich haben wird, wie meine Mutter sie über mich als Kind hatte. Ich war damals ungefähr sechs Jahre alt. Die dazugehörende Kindheitsemotion, die sich damals durch dieses Erlebnis in mir einbrannte, war Angst – ich hatte seit meiner Kindheit eine unbewusste, emotionale Angst vor Menschen. Die Folge war, dass ich anfing, niemandem mehr etwas über mich zu erzählen. Denn ich war überzeugt: Je mehr andere über mich wissen, desto mehr Macht haben sie über mich. Ich fing an, nach außen hin eine gut gelaunte Fassade aufzubauen, mit der mein Umfeld sehr gut zurechtkam, aber wie es dahinter aussah, durfte niemand wissen. Dies führte auch dazu, dass ich mich in meinem frühen erwachsenen Leben nichts und niemandem anvertrauen konnte, mich zu nichts verpflichten konnte, immer unabhängig sein musste, mir immer ein Hintertürchen offenließ und immer irgendwo eine gepackte Tasche hatte, um notfalls zu verschwinden.

Mich in den Dienst meiner Berufung zu stellen, war durch die Wirkung dieses Schwurs nicht möglich. Erst durch intensive Gefühlsarbeit, in der es eben auch um die Heilung solcher alten emotionalen Verletzungen aus der Vergangenheit geht, wurde ich mir der Situation von damals und des Schwurs, den ich geleistet hatte, wieder bewusst. Ich nahm diesen Schwur zurück und traf bewusst eine neue Entscheidung als erwachsene Frau, die sich anvertrauen und verpflichten und gleichzeitig auf sich aufpassen kann. Auf einmal waren Dinge für mich möglich, die vorher unmöglich waren.

Schmerzliche, teilweise als traumatisch erlebte Erfahrungen, wie Bloßstellung, Beschimpfung, Erniedrigung, Vernachlässigung, Verfolgung, Bestrafung, Missbrauch und so weiter, können dazu führen, dass wir in dem Moment, um zu überleben, die unbewusste Entscheidung treffen, uns nie wieder so zu zeigen, wie wir wirklich sind, nicht mehr wirklich präsent zu sein und uns lieber hinter einer Maske zu verstecken, niemandem zu vertrauen und kein Risiko einzugehen, uns an unseren Eltern zu rächen oder unsere Berufung von uns zu weisen. Auch alte Glaubenssätze wie »Ich bin nicht gut genug«, »Ich habe es nicht verdient«, »Ich muss etwas leisten, um Anerkennung zu bekommen« und »Authentisch zu sein ist gefährlich.« sind oftmals das Ergebnis von Schlüssen, die wir aus solchen schwierigen Situationen als Kinder ziehen, und von Entscheidungen, die wir in dem Moment treffen.

Alte Glaubenssätze sind Entscheidungen, die wir in schmerzlichen Situationen getroffen haben

Die Erfahrung, die ich aus meiner eigenen Entwicklung, aber auch durch die langjährige Arbeit als Trainerin und Coach gewonnen habe, ist, dass wir alle einen riesigen Rucksack, voll mit solchen alten emotionalen Programmierungen inklusive der dazugehörenden hinderlichen Glaubenssätze, mit uns herumtragen. Bevor du dich nicht bewusst mit deinen Gefühlen auseinandergesetzt hast, kannst du davon ausgehen, dass ein Großteil deiner Gefühlsregungen auf automatischen emotionalen Reaktionen aus deiner Vergangenheit basiert. Kindliche unbewusste Wut, Angst und Traurigkeit und Entscheidungen, die du als Kind getroffen hast, bestimmen dann immer noch dein Leben – und das, ohne dass du es überhaupt mitbekommst.

Eine Klientin von mir machte sich mit ihrer Berufung als Coach mit ihrem Lieblingsthema selbstständig. Sie freute sich so sehr darüber, den Sprung aus ihrem bisherigen Job geschafft zu haben, und machte sich voll motiviert daran, sichtbar zu werden und Klienten zu bekommen. Ihr Kalender blieb aber zunächst größtenteils leer. Ab und zu buchte jemand bei ihr ein Einzelcoaching. Die angebotenen Workshops musste sie aber immer wieder absagen, weil die Mindestteilnehmerzahl nicht erreicht wurde. Dabei lag diese Mindestteilnehmerzahl auf einem ziemlich niedrigen Niveau, nämlich bei vier Teilnehmern. Einigermaßen frustriert fing sie bereits an, darüber nachzudenken, ob der Jobwechsel nicht eine Fehlentscheidung war. Hilfesuchend wandte sie sich an mich. Was wir im Coaching über intensive Gefühlsarbeit bei ihr ans Tageslicht brachten, war Folgendes: Sie war als Kind immer wieder für kleinste Fehler von ihren Eltern bestraft worden – bis hin zur körperlichen Züchtigung. Immer wieder wurde sie geschimpft oder es gab sogar Schläge, wenn ihr Verhalten ihren Eltern missfiel. Die emotionale Prägung, die meine Klientin dadurch erhalten hatte, war, dass sie eine ständige unbewusste Angst davor hatte, Fehler zu machen und dafür bestraft zu werden. Es gab auch eine tiefe unbewusste Traurigkeit darüber, dass sie offensichtlich nichts richtig machen konnte und dass sie (in den Augen ihrer Eltern) nicht liebenswert war. Das war zumindest ihre damalige kindliche Deutung dessen, was mit ihr passierte. Wir entdeckten folgende Entscheidungen beziehungsweise alte Glaubenssätze in ihrem System, die in ihrem erwachsenen Leben immer noch wirksam waren:

- Ich bin nicht gut genug – ich mache nichts richtig,
- Ich bin nicht liebenswert,
- Ich darf keine Fehler machen. Für Fehler wird man hart bestraft,
- Menschen sind gefährlich. Wenn sie böse auf mich sind, verletzen sie mich und ich kann mich nicht wehren.

Als ich meine Klientin fragte, wie sich diese alten Glaubenssätze in ihrem heutigen Leben immer noch auswirken, meinte sie: »Im Grunde habe ich Angst vor Menschen. Ich habe unbewusst Angst davor, dass Menschen in meine Kurse kommen und ich die Kurse dann durchführen muss. Denn dann bin ich sichtbar und könnte etwas falsch machen und dafür bestraft werden. Ich denke offensichtlich immer noch, dass ich nicht gut genug bin und es nicht richtig machen kann.« Genau das hielt sie unbewusst davon ab, mit ihrer Berufung erfolgreich zu werden. Es gab also den erwachsenen Teil in ihr, der sichtbar werden und sich in den Dienst seiner Berufung als Coach stellen wollte. Gleichzeitig gab es in ihr immer auch noch den verletzten kindlichen Teil, der Angst davor hatte, Fehler zu machen und bestraft zu werden, für den andere Menschen immer eine Gefahr bedeuteten. Dieser Teil war ihr nicht bewusst, hatte aber dennoch die Oberhand. Erst als sie dieses Thema verarbeitet hatte, konnte meine Klientin neue Erfahrungen machen. Zuerst mit kleinen Gruppen von vier oder fünf Teilnehmern in ihren Kursen. Im Laufe der Zeit mit immer größeren Gruppen. Heute sind ihre Kurse und Coachings gut besucht und sie hat diese alte emotionale Programmierung größtenteils überwunden.

Das Geheimnis

Diese in der Vergangenheit getroffenen Entscheidungen sind zusammen mit den traumatischen Erlebnissen und den intensiven Gefühlen von damals in deinem Körper gespeichert, abgelegt auf deiner inneren Festplatte. Durch bewusste Gefühlsarbeit in einem sicher gehaltenen Prozess können über die verdrängten Gefühle diese Erinnerungen und damit auch die alten Entscheidungen wieder ins Bewusstsein geholt und durch neue Entscheidungen ersetzt werden, die für dein jetziges, erwachsenes Ich angemessener sind und es dir ermöglichen, deiner Berufung zu folgen.

Denn alte Entscheidungen und Glaubenssätze sind nichts anderes als Geschichten. Du erinnerst dich an Hürde #2? Unsere Geschichten bestimmen, was für uns möglich ist und was nicht. Ein Glaubenssatz wie »Ich bin nicht gut genug« oder »Ich darf keine Fehler machen« ist einfach eine Geschichte, die du über dich selbst gemacht hast – einfach dadurch, dass du das, was passiert ist, und die schmerzlichen Erfahrungen, die du gemacht hast, aus der Sicht des Kindes für dich so gedeutet hast. Diese Geschichte bestätigt sich in der Folge immer wieder, denn deine eigene Überzeugung – deine Box – wirkt wie ein Filter, der alles aussiebt, was die Geschichte widerlegen könnte. Du hast also seit deiner Kindheit immer wieder Beweise dafür gefunden, dass die Geschichte »Ich bin nicht gut genug« wahr ist. Und das, obwohl du heute vielleicht zwanzig Jahre älter bist, über zwanzig Jahre mehr Erfahrung verfügst, in diesen zwanzig Jahren ziemlich viel gelernt haben dürftest und dadurch ganz andere Ressourcen zur Verfügung hast als die sechsjährige Version deiner selbst. Das alles spielt aber für ein unbewusstes Überlebensprogramm überhaupt keine Rolle. Geschichten sind eben Geschichten, subjektive Interpretationen dessen, was passiert ist. Du kannst also jederzeit eine andere Geschichte über dich selbst erfinden – eine Geschichte, die dir Kraft gibt. Dabei immer schön im Bewusstsein halten: Auch kraftvolle Geschichten sind Geschichten!

Du könntest natürlich deinen Eltern oder anderen Personen, die dir als Kind emotionale Verletzungen zugefügt haben, die Schuld geben für deine emotionalen Reaktionsmuster und Programmierungen. Letztendlich auch dafür, dass du es nicht auf die Reihe kriegst, dein Ding zu machen. Auch das ist eine legitime Entscheidung. Aber wie du ja bereits weißt, hat jede Entscheidung – egal ob du sie bewusst oder unbewusst triffst – ihren Preis. Du deklarierst dich damit selbst zum Opfer der Umstände oder der anderen und gaukelst dir vor, dass du nichts dagegen tun kannst. Der Preis, den du dann bezahlst, besteht darin, dass du ohnmächtig bist und bleibst. Du gibst deine Macht und deine Schöpferkraft an die Geister der Vergangenheit ab. Wenn du dir aber bewusst machst, dass du es selbst warst, der in der Situation von damals Geschichten gemacht und Entscheidungen getroffen hat, nimmst du bewusst das Zepter wieder in deine eigenen Hände. Denn wenn du damals selbst Entscheidungen getroffen hast, kannst du diese Entscheidungen heute ändern und neu treffen. Du änderst dadurch nicht die Vergangenheit, also das, was dir passiert ist, sondern du änderst aktiv deine heutige Haltung zu den Ereignissen von damals. Es ist Teil des Erwachsenwerdens und der Selbstermächtigung, die Verantwortung für die Heilung und Verarbeitung deiner Vergangenheit zu übernehmen und mit den alten Geschichten aufzuräumen.

So machst du dir den Weg frei!

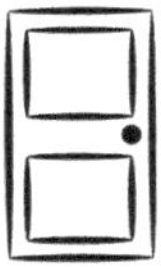

Du übernimmst die Verantwortung für deine Vergangenheit und sorgst dafür, dass du frühere traumatische Erlebnisse verarbeitest und emotionale Verletzungen heilst. Du durchläufst beispielsweise mehrere persönliche Gefühlsprozesse, in denen du unausgedrückte Gefühle ausdrückst, alte, hemmende Entscheidungen und Glaubenssätze aus vergangenen schmerzlichen Situationen zurück in dein Bewusstsein holst, sie würdigst und durch neue, erwachsene und verantwortliche Entscheidungen ersetzt, die dich nun in die Lage bringen, deiner Berufung zu folgen und dein Ding zu machen.

Mind-Changer-Fragen

Welche Muster in Bezug auf Beruf und Berufung gibt es in deinem Leben, die sich immer wieder wiederholen?

Welche roten Knöpfe gibt es bei dir, die von anderen immer wieder gedrückt werden? Welche emotionalen Programme werden dadurch bei dir aktiviert? (Beispielsweise beleidigt sein, Hoffnungslosigkeit, Streit, Angst, es nicht zu schaffen, ...)

Welche alten Glaubenssätze über dich selbst hindern dich daran, dein Ding zu machen?

An welche schmerzlichen Erfahrungen aus deiner Vergangenheit kannst du dich bewusst erinnern? Was ist damals passiert? Welche Entscheidungen hast du in diesen Situationen getroffen?

Hürde #13

Du leidest am Peter-Pan-Syndrom

Kennst du die Geschichte von Peter Pan? Ich glaube, jeder hat zumindest schon einmal von ihm gehört, diesem frechen, unbändigen kleinen Kerl, der nie erwachsen wird. Ich mag die Geschichte sehr und natürlich liebe ich auch die Figur des Pan – zumindest zu einem Teil. Das, was wir an ihm so bewundern, ist die Freiheit, in der er lebt, die Ungebundenheit, die ihm die Möglichkeit gibt, zu tun und zu lassen, was er will. Auch seine Nicht-Linearität und seine Rebellion gegen das Establishment begeistern uns. Er hat eine Bande von Jungs um sich herum, die zu ihm halten und ebenfalls nicht erwachsen werden. Und: Er kann fliegen – überall hin! Dennoch bin ich jedes Mal sehr traurig über die verborgene Tragik der Geschichte, weil mein Herz ganz klar fühlt, was Peter versäumt durch seine Entscheidung, nicht erwachsen zu werden. Er lebt in einer Fantasiewelt – während die echte Welt da draußen für ihn ein Mysterium bleibt.

Werden wir über Nacht erwachsen?

Unsere Kultur gaukelt uns vor, dass wir mit achtzehn Jahren erwachsen sind – einfach so, von einem Tag auf den anderen. Quasi über Nacht passiert mit uns die wundersame Transformation vom jugendlichen zum erwachsenen Menschen. Wir dürfen Auto fahren, wählen, Alkohol konsumieren und FSK-18-Filme sehen. Aber einmal ganz ehrlich, sind das die Attribute, die einen Menschen zum Erwachsenen machen? Erwachsen sein und erwachsen werden ist in unserer Gesellschaft zudem auch gar nicht populär. Es wird häufig gleichgesetzt mit: langweilig, spießig, angepasst. Ein Reihenhäuschen in der Vorstadt mit Garten, Hund, zwei Kindern und einem Kombi in der Garage. So stellen wir uns in jungen Jahren häufig das Erwachsensein vor. Wenn du erwachsen bist, dann ist der Spaß am Leben vorbei! Da wünschen wir uns doch lieber zurück nach Nimmerland und schließen uns der Bande von Peter Pan – den verlorenen Jungs – an.

So ist die Wahrscheinlichkeit groß, dass die meisten von uns gar nicht wirklich erwachsen werden. Wie sollte das auch gehen, ohne einen bewussten Übertritt, einen bewussten Transformationsprozess vom Jugendlichen zum Erwachsenen? Dabei meine ich aber nicht nur diejenigen, die bewusst dem Beispiel von Peter Pan folgen und alles dafür tun, um nicht erwachsen zu werden! Sondern auch diejenigen, die sich erwachsen geben, die sich anpassen, die sich ins System einfügen und einen vorgetretenen Weg einschlagen, nur weil sie denken, dass das zum Erwachsensein gehört und es ihnen am meisten Sicherheit bietet. Oder weil sie gar nicht darüber nachdenken, was sie tun. Gleichzeitig träumen sie die ganze Zeit vom Nimmerland. Unsere Kultur bietet uns eine Art des scheinbaren Erwachsenseins an, in der wir aber weiterhin abhängig sind und unsere Macht zu entscheiden an andere abgeben. Das heißt genau genommen: Die Bevölkerung der modernen westlichen Welt besteht zum Großteil nicht aus verantwortlichen Erwachsenen, sondern aus Jugendlichen, aus Heranwachsenden, aus Schein-Erwachsenen, die den Schritt ins bewusste Erwachsensein noch nicht vollzogen haben: aus den Peter Pans und denen, die davon träumen, wie Peter Pan zu sein.

Dieser Umstand führt zu bestimmten Ergebnissen, die wir am Zustand unseres persönlichen Lebens, aber auch am Zustand unseres Planeten ablesen können:

- Wir wissen nicht, was wir mit unserem Leben Sinnvolles anfangen sollen, welchen Beitrag wir zum großen Ganzen beisteuern können – wir können noch nicht einmal sagen, welche Talente, Stärken und Fähigkeiten wir haben;
- Statt das Risiko einzugehen, inspiriert unserer Berufung zu folgen, quälen wir uns jahrelang in verhassten Jobs, bei denen wir unsere innere Wahrheit verleugnen müssen, nur um vermeintliche Sicherheit zu haben. Während der ganzen Zeit träumen wir vom Urlaub, vom Lottogewinn und von der Rente (= Nimmerland);
- Wir verlassen uns darauf, dass Vater Staat und die Krankenversicherung für uns aufkommen, wenn es uns schlecht geht;
- Wir bleiben lieber in Beziehungen, in denen es keine wirkliche Intimität, Verbindung und Nähe mehr gibt, als das Risiko einzugehen, etwas zu verändern oder eine gewisse Zeit alleine zu sein;
- Wir folgen blindlings den uns vorgesetzten Ritualen (beispielsweise der Art, wie Weihnachten gefeiert werden muss), den Medien, der Mode et cetera, ohne bewusst darüber nachzudenken, was wir wirklich wollen und was uns wirklich entspricht;
- Wir versuchen, Ersatzfreiheiten zu ergattern, beispielsweise in Form eines schnellen Autos, der Anhäufung von materiellen Werten, Glücksspiel oder einem Urlaub in einem weit entfernten Land – all inclusive;
- Wir sind nicht in der Lage, Grenzen zu setzen, Nein zu sagen, wenn wir Nein meinen, und Ja zu sagen, wenn wir Ja meinen;
- Wir verbrauchen die Ressourcen unseres Planeten, als gäbe es kein Morgen und vieles mehr.

Oder wir tun genau das Gegenteil – wir lehnen uns gegen alles auf, sind gegen alles, was Mainstream ist – Hauptsache, nicht normal. Wir haben die Überzeugung in uns, dass Verantwortung und Erwachsensein das Gegenteil von Freiheit wären. Genau mit dieser Überzeugung sitzen wir in der Falle – genau wie Peter Pan! Denn genau wie Nimmerland eine Fantasiewelt ist, ist der Glaube, dass wir Verantwortung vermeiden können, eine kindliche Illusion. Wir sitzen wie die verlorenen Jungs im Nimmerland vor leeren Tellern und tun so, als ob die köstlichsten Speisen darauf lägen – und dabei verhungern wir, weil alles nur eine schöne Illusion ist. In Wirklichkeit sind Freiheit und Verantwortung beziehungsweise verantwortliches Erwachsensein unabdingbar miteinander verbunden. Erst wenn wir Verantwortung übernehmen, sind wir wirklich frei. Wenn wir niemanden mehr beschuldigen, keine Rechtfertigungen mehr suchen, nicht mehr auf den Prinzen auf dem weißen Pferd warten oder auf die Sicherheit eines warmen Bürostuhls in einem Unternehmen, dem wir unsere Seele verkaufen. Wenn wir also andere Resultate in unserem Leben erzielen wollen, ist es notwendig, den Übertritt ins verantwortliche Erwachsensein zu vollziehen. Denn das, wonach wir uns wirklich sehnen, ist echte Liebe, Sinnhaftigkeit, echte Verbundenheit und die Möglichkeit, einen Beitrag zu leisten. Diese Dinge können wir aber nur in der realen Welt der Erwachsenen erleben, und zwar dann, wenn wir die Verantwortung dafür übernehmen, diese Dinge im Zweifel auch selbst zu kreieren.

Leider stellt uns unsere Kultur und Ausbildung diesen Übertritt in ein verantwortliches und erwachsenes Leben nicht wirklich zur Verfügung. Was es braucht, sind Wege zur bewussten Transformation, die in unsere Zeit und in unsere Kultur passen. Was es weiterhin braucht, ist etwas Mut und die Sehnsucht, Schöpfer des eigenen Lebens zu sein statt Opfer der Umstände. Als Kinofilm gibt es glücklicherweise auch noch eine andere Peter-Pan-Version. Es ist ein Film mit Robin Williams und dem Titel »Hook«. In dieser weniger bekannten Version hat sich Peter Pan dann doch irgendwann entschieden, erwachsen zu werden – und das ist gut so. Denn seien wir einmal ehrlich: Es gibt vielleicht diesen Teil in uns, der nicht erwachsen werden will, aber welche erwachsene Frau möchte schon einen klassischen Peter Pan zum Mann? Welcher erwachsene Mann möchte an der Seite eines kleinen Mädchens leben, auch wenn es vielleicht fliegen kann? Es wird also Zeit für dich, erwachsen zu werden, Peter Pan!

Wie das widersprüchliche Paradigma vom Erwachsensein dein Leben untergräbt

Wir machen uns in der Regel keine Gedanken über das Erwachsensein. Ich habe in meiner Vergangenheit zumindest nicht viele Gedanken daran verschwendet – außer in der Zeit zwischen sechzehn und achtzehn, als das Thema brandaktuell war. Ich kann mich erinnern, dass zu dieser Zeit in Bezug auf Erwachsensein zwei total gegensätzliche Impulse in mir wüteten.

1. Impuls: Hoffentlich werde ich bald erwachsen (= volljährig) und kann machen, was ich will!

2. Impuls: Oh Mann, Erwachsensein ist echt uncool, anstrengend und spießig ... Ich will nie so werden wie meine Eltern und all die anderen erwachsenen Zombies.

Interessanterweise konnte ich damals diesen Widerspruch nicht bewusst wahrnehmen. Er äußerte sich lediglich in einer den meisten Jugendlichen bekannten emotionalen inneren Zerrissenheit, die in dem Wunsch mündete: Volljährig werden: JA – Erwachsen werden: NEIN! Was danach kam, würde ich heute rückblickend als das Leben einer volljährigen Jugendlichen bezeichnen. Erst mit sechsunddreißig Jahren bekam ich einen ersten Hinweis darauf, was Erwachsensein wirklich bedeuten könnte, und hatte die Möglichkeit, mich selbst von der Schein-Erwachsenen, die ich immer noch größtenteils war, zu einer echten Erwachsenen zu transformieren (um ehrlich zu sein – ich stecke teilweise noch mittendrin in diesem Transformationsprozess!).

Vielleicht fragst du dich jetzt, warum das erstrebenswert sein sollte – sich seine Jugendlichkeit zu bewahren ist doch toll! Genau das ist das Problem beziehungsweise: Darum geht es überhaupt nicht. Unsere Gesellschaft leidet unbewusst an einem kollektiven Peter-Pan-Syndrom! Daran krankt nicht nur dein persönliches Leben, weil es dir beispielsweise nicht erlaubt, den Weg deiner Berufung zu gehen. Wir leben in einer Gesellschaft von volljährigen Halbstarken und das hat seine Folgen – persönlich genauso wie kollektiv. Aber lass uns noch mal einen Schritt zurückgehen, damit das klarer wird. Was ist eigentlich der Unterschied zwischen einem Jugendlichen und einem Erwachsenen? Im Grunde geht es um den Grad an Verantwortung, den eine Person in der Lage ist, zu übernehmen. Kinder und Jugendliche übernehmen im Vergleich zu einem echten Erwachsenen nur einen geringen Grad an Verantwortung.

Ein Kind/Jugendlicher ...

- wird nicht voll zur Verantwortung gezogen für sein Handeln,
- macht sich keine oder wenige Gedanken über die Konsequenzen seines Handelns,
- bezahlt üblicherweise den halben Preis,
- geht noch davon aus, dass jemand (ein Erwachsener) hinter ihm aufräumt,
- verlässt sich darauf, dass jemand (ein Erwachsener) für sein Überleben sorgt,
- hat teilweise naive Vorstellungen über die Welt ,
- ist bedürftig, also abhängig von Liebe, Anerkennung, Schutz, Geld und so weiter.

Das ist im Normalfall die Entwicklungsschutzzone eines Kindes. Das ist völlig okay – für Kinder und Jugendliche. Es ist ganz normaler Teil unserer Entwicklung. Zum Problem wird das Ganze erst, wenn wir von unserer Entwicklung her in der Lage wären, in die nächste Phase, nämlich die des Erwachsenen zu wechseln – was ungefähr ab dem fünfzehnten Lebensjahr möglich ist –, dies aber nicht aktiv tun. Die Strukturen eines Erwachsenen sind dann vollständig in uns angelegt, sie werden aber nicht aktiviert. Das heißt, von außen sehen wir aus wie Erwachsene – im Inneren bleiben wir aber im »Jugendlichen-Modus«, dem defensiven Überlebensmodus unserer Box stecken. Vielleicht regt sich jetzt gerade Widerstand in dir und du sagst: »Aber ich bin doch erwachsen! Ich arbeite und komme für meinen Lebensunterhalt auf. Ich habe Kinder und sorge für sie.« Das Problem ist, dass wir Erwachsensein auf eine bestimmte Art und Weise definieren, die aber nicht unbedingt nützlich ist. Die das Erwachsensein für uns nicht attraktiv erscheinen lässt. Unsere alte Geschichte über das Erwachsensein führt zu dem oben erwähnten Paradoxon: Freiheit: JA – Erwachsensein: NEIN! Wir benötigen also erst eine neue Sichtweise auf das Erwachsensein und auch auf das Erwachsenwerden, um wieder unvoreingenommen den Zugang zu dieser uns innewohnenden Entwicklungsstufe zu bekommen. Schauen wir uns zunächst die alte Geschichte zum Erwachsenwerden an.

Erwachsenwerden

Unsere gesellschaftlich konditionierte Geschichte

PHASE 1

Achtzehn Jahre alt und volljährig sein. Endlich machen, was ich will:

- Alkohol trinken,
- Auto fahren,
- nachts unterwegs sein,
- Sex haben,
- wählen, entscheiden,
- Geld ausgeben.

PHASE 2

- alleine klarkommen,
- sich der gesellschaftlichen Norm unterwerfen, sich anpassen,
- Zertifikate erwerben,
- es schaffen, funktionieren,
- vernünftig sein, aufzuhören zu fühlen.

In unserem gesellschaftlich konditionierten Mindset über das Erwachsenwerden gibt es zwei Phasen. Phase eins ist das Volljährigwerden mit all den damit verbundenen neuen Rechten. Endlich muss ich niemanden mehr um Erlaubnis fragen, kann abends ausgehen und nach Hause kommen, wann ich will. Ich darf Auto fahren, Alkohol trinken, Sex haben und wählen. Endlich Freiheit! Diese Phase finden wir gerade als Jugendliche besonders cool und sehnen sie uns regelrecht herbei. Phase 2 des

Erwachsenwerdens ist allerdings weniger beliebt. Hier hört der Spaß dann auf und der Ernst des Lebens beginnt. Phase 2 des Erwachsenwerdens ist der Übergang zum Erwachsensein.

Auch in Bezug auf das Erwachsensein haben wir eine kulturell geprägte Geschichte in unserem Bewusstsein – und diese Geschichte macht es uns ebenfalls schwer, Erwachsensein als etwas Erstrebenswertes zu empfinden. In dieser Geschichte bedeutet Erwachsensein nämlich Folgendes:

Erwachsensein

Unsere gesellschaftlich konditionierte Geschichte

- Kindheit und Jugend sind für immer verloren (Wehmut),
- den zivilisatorischen Vorbildern, Regeln, Normen unterworfen sein und sich diesen anpassen,
- ist eine Last, ist anstrengend,
- Verantwortung = Schuld haben, haftbar gemacht werden,
- ist spießig, bedeutet Alltag (zwei Kinder, Hund, Haus, Garten, Kombi ...),
- heißt ausgelernt zu haben und fertig eingerichtet zu sein,
- ist der Ernst des Lebens, nicht lustig, der Spaß ist vorbei,
- ist Konkurrenz und Kampf,
- sich arrangiert haben, Kompromisse machen müssen, Opfer der Umstände sein und sich anpassen,
- alles wissen müssen, souverän sein müssen, immer die Kontrolle behalten, nicht schwach sein dürfen,
- realistisch sein, Träume begraben, die eigenen Gefühle verdrängen,
- alt sein.

Durch diese negativ geprägte Geschichte entsteht das oben genannte Peter-Pan-Syndrom. Denn diese Geschichte hält uns davon ab, wirklich erwachsen zu werden. Sie lässt uns zu vordergründig angepassten Schein-Erwachsenen werden, die brav den in unserer Kultur vorgezeichneten Mainstreamweg gehen – weil sie keine andere Möglichkeit sehen –, während wir dabei die ganze Zeit von der Rente, dem Lottogewinn und dem nächsten Urlaub träumen. Im Grunde folgen wir als scheinbare Erwachsene zwar dann nicht mehr der Autorität unserer Eltern, sondern der Autorität des Systems und der Umstände, in denen wir leben. Wir folgen allerdings immer noch nicht unserer eigenen Autorität.

Das Geheimnis

Was Erwachsenwerden und Erwachsensein eigentlich bedeutet, ist in die eigene Kraft zu kommen, in den selbstverantwortlichen Schöpfermodus zu wechseln, statt im unverantwortlichen, abhängigen Opfer- und Überlebensmodus zu verharren. Dazu brauchen wir wieder eine andere Geschichte, eine andere Betrachtungsweise als die, die uns kulturell zur Verfügung gestellt wird.

Erwachsenwerden – als aktiver Transformationsprozess

Mögliche neue Betrachtungsweise

- den eigenen Platz, die eigene Berufung finden,
- kindliche Bedürftigkeit beenden,
- eigene Autorität entwickeln,
- kulturelle Gegebenheiten betrachten, untersuchen, infrage stellen,
- emotionalen Schmerz der Kindheit verarbeiten und Illusionen loslassen,
- herausfinden, wozu ich wirklich fähig bin (Licht und Schatten, bewusste und versteckte Absichten),
- sich selbst in einen größeren Zusammenhang stellen,
- Verantwortung für die eigene Interpretation der Welt/des Lebens übernehmen,
- sich über die eigenen Absichten klar werden,
- aktiver Erwerb von Fähigkeiten,
- die eigene Vision zum Leben erwecken,
- als vollwertiges Mitglied in die Gemeinschaft aufgenommen werden.

Ein Vergleich mit unserer bisherigen Geschichte zum Erwachsenwerden macht eines auf den ersten Blick deutlich: Der Prozess des Erwachsenwerdens kann nicht über Nacht geschehen – so wie es uns unsere Kultur vorgaukelt, nämlich an dem Tag, an dem wir achtzehn Jahre alt werden. Es ist ein Transformationsprozess, der aktiv und bewusst Schritt für Schritt durchlaufen werden muss, um unseren inneren Betriebsmodus nachhaltig umzustellen von der Sicherheitsorientierung zur Bestimmungsorientierung, vom Überleben zum leidenschaftlichen Leben, vom Opfer der Umstände zum Schöpfer der eigenen Möglichkeiten. Dadurch wird ein aktives, bewusstes, selbstbestimmtes Leben als Erwachsener, der seiner Berufung folgt und sein Ding macht, erst ermöglicht. Dieses selbstbestimmte Leben als Erwachsener braucht ebenfalls eine andere Geschichte, ein verändertes Mindset, das in uns den Wunsch entfacht, wirklich erwachsen zu werden.

Erwachsensein

Mögliche neue Betrachtungsweise

- die Kindheit ist abgeschlossen – eine neue Phase des Lebens beginnt (Freude, Neugier),
- bedeutet Freiheit durch Übernahme von Verantwortung,
- bewusst wählen und bereit sein, den vollen Preis dafür zu bezahlen,
- Gefühle besitzen und verantwortlich nutzen,
- kreativ sein, Schöpfer der Umstände sein, das eigene Leben aktiv gestalten,
- zentriert sein, eigene Autorität leben, Kraft besitzen,
- den eigenen Schatten besitzen, sich über die eigenen Absichten bewusst sein,
- bereit sein, den Schmerz zu fühlen, Akzeptanz der Endlichkeit,
- sich in den Dienst von etwas Größerem stellen, die eigene Berufung leben,
- Wirkung entfalten, leidenschaftlich leben, einen Unterschied machen,
- keine Ausreden, kein Verschieben auf später, keine faulen Kompromisse mehr.

Wenn du deine Berufung leben und dein Ding machen willst, musst du dich entscheiden! Deshalb wird sich Berufung auch erst deutlich zeigen, wenn du bereit bist, den Schritt in echte Verantwortung zu gehen und den vollen Preis zu bezahlen. Wenn du bereit bist, auf deine lieb gewonnenen Ausreden und Hintertürchen zu verzichten. Wenn dein Schmerz darüber, einen Tag lang nicht der eigenen Berufung zu folgen, größer wird als deine Angst, zu sterben. Was du allerdings dafür im Gegenzug bekommst: deine dir innewohnende Kraft und Autorität, mit der du aktiv dein Leben gestalten kannst.

So machst du dir den Weg frei!

Du überprüfst deine kulturelle und familiäre Prägung in Bezug auf Erwachsensein und nimmst bewusst eine Betrachtungsweise ein, die dir Kraft und die Möglichkeit gibt, in deine eigene Autorität hineinzuwachsen. Du holst die Entwicklungsschritte, die Teil eines Transformationsprozesses zum Erwachsenwerden sind, bewusst nach, um den Weg freizumachen für die erwachsene Version von dir selbst, die immer noch darauf wartet, von dir wachgeküsst zu werden. Du entscheidest dich, den vollen Preis für deine Entscheidungen zu bezahlen – den Preis, den ein Erwachsener bezahlt. Keine Ausreden mehr – keine Hintertürchen und keine hundertprozentige Sicherheit! Dafür aber Kraft, Gestaltungsfreiheit und Lebendigkeit. Mit dieser Kraft und Lebendigkeit beginnst du dann Schritt für Schritt, dein Ding zu machen.

Mind-Changer-Fragen

Wie ist deine Überzeugung in Bezug auf Erwachsensein?

Sind Freiheit und Verantwortung für dich noch Gegensätze?

Wo verkaufst du noch deine innere Wahrheit, um dich sicher zu fühlen? In deiner Arbeit? In deiner Beziehung?

Wo wartest du noch auf den Prinzen, den Retter, das Glück von außen? Hängst du noch den Träumen von der Rente oder vom Lottogewinn nach?

Wo hast du noch kindliche/naive Vorstellungen von der Welt?

Hürde #14

Du gibst deine Macht ab, um Verantwortung zu vermeiden

Im Grunde stellt diese letzte Hürde eine Vertiefung zum vorherigen Kapitel dar, in dem es um das Erwachsensein und Erwachsenwerden ging. Denn Erwachsensein und Verantwortung bedingen sich gegenseitig. Um die Voraussetzungen zu schaffen, dass du deine Berufung umsetzt und dein Ding machst, braucht es Mut, Kompromisslosigkeit und die Bereitschaft, die eigene Komfortzone zu verlassen. Der eigenen Berufung zu folgen und sein Ding zu machen, hat nichts damit zu tun, sich wohlzufühlen. Das ist zumindest nicht der Zweck von Berufung – es kann ein Resultat sein, aber es ist nicht das primäre Ziel von Berufung. Das primäre Ziel von Berufung ist, sich und die eigenen Talente der Gemeinschaft zur Verfügung zu stellen und im Dienste von etwas Größerem zu stehen als sich selbst. Es geht darum, deinem Leben einen Sinn zu verleihen. Das geht nur, wenn du die volle Verantwortung für dein Leben übernimmst. Solange wir aber wie hypnotisiert den Mainstreamweg beschreiten und an einem Arbeitssystem hängen, das alle Beteiligten davon abhält, radikale Verantwortung zu übernehmen, weil es auf Sicherheit, Überleben und auf Abhängigkeit ausgerichtet ist anstatt auf Sinnerfüllung und Berufung, wird sich Berufung in unserem Leben nicht zeigen! Solange wir lieber Opfergeschichten über die Umstände erzählen, als die Umstände so zu gestalten, dass wir unsere Berufung leben können, werden wir nicht unser Ding machen können! Das ist nicht nur ein persönliches Problem, sondern eher ein kulturell bedingtes Phänomen, das aber zum persönlichen, individuellen Problem werden kann.

Wir leben größtenteils in einer Welt kindlicher Verantwortung

Die meisten unserer Gesellschaftssysteme sind auf die Vermeidung von Verantwortung ausgerichtet und stellen in der Regel eine unverantwortliche Interaktion zwischen Eltern-Rollenspielern und Kind-Rollenspielern dar. In der Kind-Rolle geben wir unsere Autorität und Verantwortung beispielsweise an Vater Staat ab und hoffen, dass er gut für uns sorgt. Oder wir ordnen uns als Angestellte der Autorität von Vorgesetzten beziehungsweise des Unternehmens unter und profitieren von monatlichen Gehaltszahlungen und der Arbeitslosen- und Rentenversicherung, um uns sicher zu fühlen. Beim Verantwortungsgrad eines Kindes sehen wir uns oft als Opfer der Umstände. Wir glauben, dass wir keine andere Wahl haben und alleine nichts bewegen können.

Nehmen wir wieder unser herrschendes Modell der abhängigen Arbeit als Beispiel, mit all seinen Facetten:

- Es gibt einen Arbeitgeber (Eltern-Rolle), der Arbeitnehmern (Kind-Rolle) »Arbeit gibt« und sie abhängig beschäftigt,
- Der Arbeitgeber ist dadurch hierarchisch und vom Status her dem Arbeitnehmer »überstellt«,
- Der Arbeitnehmer muss den Vorgaben des Arbeitgebers Folge leisten und verbringt in der Regel eine vorgegebene Zeit, beispielsweise vierzig Stunden pro Woche, mit Arbeit,
- Dafür erhält der Arbeitnehmer ein sicheres monatliches Gehalt und andere soziale Leistungen,

- Der Arbeitgeber verfügt über die notwendigen Ressourcen (Kapital, Land, Macht, Wissen oder Ähnliches),
- Vorrangiges Ziel des Arbeitgebers – zumindest in der freien Wirtschaft – ist es, Gewinne zu erzielen und seine Ressourcen zu vermehren,
- Damit Arbeitnehmer in diesem System nicht ausgebeutet werden, gibt es ein Arbeits- und Sozialrecht von Vater Staat,
- Es gibt Gewerkschaften und Betriebsräte, die die Rechte der Arbeitnehmer vertreten,
- Wenn ein Arbeitnehmer gerade keine Anstellung bei einem Arbeitgeber hat, gilt er als arbeitslos und wird – unter bestimmten Voraussetzungen – von Vater Staat mit Arbeitslosengeld unterstützt,
- Arbeitslosigkeit gilt als Makel in unserer Gesellschaft und führt oft zu Ausgrenzung,
- Bei langer Arbeitslosigkeit ist die Gefahr groß, gesellschaftlich abzurutschen und Sozialhilfeempfänger zu werden.

Bis auf die Arbeitslosigkeit hört sich das doch nach einem guten und verantwortlichen Modell an, oder? Leider nicht ganz. Dieses Arbeitssystem hat auch eine starke psychologische Wirkung: Es hält alle Beteiligten davon ab, einen erwachsenen Grad an Verantwortung zu übernehmen, weil es auf der einen Seite auf Profit, Ausbeutung, Vermehrung von Ressourcen und Macht sowie auf der anderen Seite auf Sicherheit, Überleben und Abhängigkeit ausgerichtet ist. Von Sinnerfüllung, Berufung und Selbstverantwortung ist da erst einmal wenig zu spüren! Es ist ein System, in dem weder Chefs noch Mitarbeiter noch die Organisationen selbst erwachsen werden (müssen). Natürlich ist es ein bequemes Denkmodell, denn es gibt uns die Möglichkeit, Opfergeschichten über die Umstände zu erzählen, anstatt die Umstände nach unseren Vorstellungen zu verändern. Aktuell sind wir aber gerade in einer transformatorischen Übergangszeit. Anzeichen davon können wir bereits überall wahrnehmen. In der Arbeitswelt beispielsweise gibt es nun schon seit einigen Jahren die sogenannte New-Work-Bewegung, die darauf ausgerichtet ist, neue Möglichkeiten der Zusammenarbeit zu etablieren, die weniger auf der Ausübung von hierarchischer Macht basieren und dafür jeden Einzelnen mehr beteiligen, aber auch mehr in die Verantwortung nehmen.

In manchen Unternehmen wird sogar schon damit experimentiert, dass die Führungskräfte demokratisch gewählt werden. Wenn Mitarbeiter allerdings immer noch unbewusst auf einem kindlichen Verantwortungsgrad agieren, neigen sie dazu, das auch weiterhin zu tun. Nur die demokratische Wahl von Führungskräften macht noch keinen verantwortungsbewusst agierenden Mitarbeiter. Denn der dann gewählte Chef wird im noch vorherrschenden alten Denkschema als Vorgesetzter gesehen. Mitarbeiter werden intuitiv versuchen, Entscheidungen, Autorität und Verantwortung an ihn abzugeben. Das Einzige, was sich dann verändert, ist die Art und Weise, wie ein Vorgesetzter in seine Position kommt. Der Grad an Verantwortung, den Mitarbeiter übernehmen, verändert sich aber nicht alleine dadurch. Nimm einfach unsere Gesellschaft hier in Deutschland als Beispiel – auch wir wählen unsere Repräsentanten nach dem demokratischen Prinzip. Am Grad der Verantwortung, die von den einzelnen Bürgern übernommen wird, ändert das allerdings nichts. Wenn es uns schlecht geht, kommt ganz schnell die Aussage: »Die da oben sind schuld!«

Kind-Rollenspieler trifft auf Eltern-Rollenspieler

Das oben genannte Verhalten gehört zu einem weitverbreiteten und sehr beliebten Spiel (Spiel im Sinne von menschlicher Interaktion), welches dazu dient, Verantwortung möglichst zu vermeiden. Es findet zwischen zwei sich sehr gut ergänzenden Spielern statt:

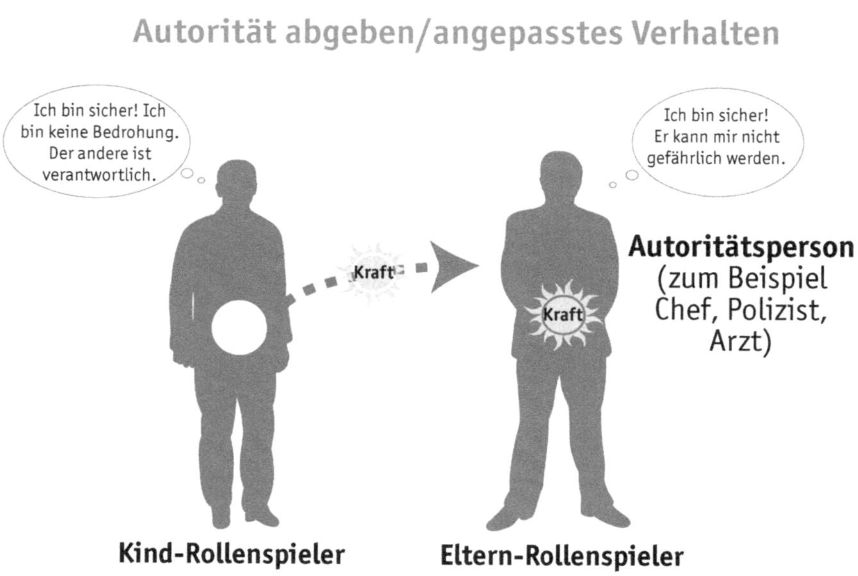

Auf der einen Seite (im Bild links) ist der Kind-Rollenspieler, der seine Macht und damit seine Autorität an eine vermeintliche Autoritätsperson abgibt. Er verhält sich angepasst und glaubt, dass er dann nicht verantwortlich ist. Er muss keine Entscheidungen treffen und ist auch nicht schuld, wenn etwas schiefgeht. Die Autoritätsperson kümmert sich um alles. Der Nutzen dieses Verhaltens: Es ist überaus bequem und der Kind-Rollenspieler fühlt sich sicher. Auf der anderen Seite des Spielbretts befindet sich eine Autoritätsperson. Es gibt allerdings zwei Arten von Autoritätspersonen. Die erste Art passt sehr gut zum Kind-Rollenspieler, denn sie ist ein Eltern-Rollenspieler und liebt es, wenn sie von angepassten Anhängern umgeben ist. Bei dieser Person handelt es sich um eine unverantwortliche Autoritätsperson, denn sie fühlt sich nur sicher, wenn ihr keiner ihre Macht streitig macht. Sie hält andere klein, um sich selbst groß zu fühlen. Sie ist darauf aus, die Karriereleiter nach oben zu klettern, um möglichst viel Macht ausüben zu können. Diese Interaktion ist nicht nur in Unternehmen sehr weit verbreitet und findet meist vollkommen unbewusst statt. Auf der einen Seite Mitarbeiter, die gerne ihre Ruhe haben und kein Risiko eingehen wollen und sich daher gerne angepasst verhalten. Auf der anderen Seite Führungspersonen, die Angst um ihre Position haben und daher versuchen Macht auszuüben, indem sie andere kleinhalten. Beide übernehmen unbewusst keine Verantwortung! Beide sind auf Sicherheit aus und damit im gewohnten Überlebensmodus ihrer Box gefangen. Sie nutzen nur jeweils eine andere Überlebensstrategie, die sich in der Interaktion aber wunderbar ergänzen. Führungskräfte, die einen erwachsenen Grad an Verantwortung übernehmen und ihre Mitarbeiter ermächtigen, eigene Entscheidungen zu treffen und ihre eigene Kraft, Kreativität und Autorität einzusetzen, und die zusätzlich auf Augenhöhe agieren können und wollen, sind noch nicht weit verbreitet – kein Wunder, denn es ist nicht Teil unserer Ausbildung.

Das ist nur ein Beispiel, in dem sich das kulturelle, systemimmanente Vermeiden von Verantwortung widerspiegelt. Wie bereits gesagt, es geht mir nicht darum, etwas zu bewerten oder zu verurteilen. Es ist Teil unserer noch herrschenden Kultur, die gerade dabei ist, sich zu verändern, und wir sind nun einmal von dieser Kultur geprägt und uns darüber größtenteils nicht bewusst. Aber diese Prägung kann eben auch dazu führen, dass es dir schwerfällt, dein Ding zu machen. Sich dessen wertfrei bewusst zu werden, schafft dann wiederum die Möglichkeit der Wahl.

Um dein Ding zu machen, musst du die volle Verantwortung übernehmen wollen

In unserer Gesellschaft können wir also mühelos ein ganzes Leben verbringen, ohne jemals erwachsen zu werden oder die volle Verantwortung für uns selbst zu übernehmen. Es gibt wie gesagt keinen rituellen Übergang vom Jugendlichen zum Erwachsenen. Dafür gibt es ein Schulsystem, das uns darauf vorbereitet, in unserem Arbeitssystem gut zu funktionieren, indem wir bereits dort lernen, einer externen Autorität zu folgen. Es gibt das Arbeitsamt und Stellenanzeigen in der Zeitung, es gibt ein Rentensystem und eine Absicherung für den Krankheitsfall, es gibt Vater Staat, der für uns aufkommt, wenn wir in Not geraten. Es gibt den vorgezeichneten Weg unserer Eltern: Wir gehen zur Schule, dann machen wir eine Ausbildung, dann suchen wir uns einen guten Arbeitsplatz, machen ein- bis zweimal pro Jahr Urlaub, gründen vielleicht eine Familie und bauen ein Haus und irgendwann ist die ganze Schufterei vorbei und wir genießen das Leben als Rentner. Klingt doch toll, wer braucht da Berufung?

Es braucht Mut, einen anderen Weg zu gehen. Es braucht Mut, dem schönen Schein angeblicher Sicherheit zu widerstehen. Es braucht Mut, den Menschen im Umfeld zu widersprechen. Es gibt noch so wenige Vorbilder, denen wir folgen können. In Bezug auf deine ganz individuelle Berufung wird es niemals jemanden geben, der den Weg für dich bahnt – also kannst du den Wunsch, einem Vorbild zu folgen, getrost vergessen. Du gehst den ersten Schritt und den nächsten und nächsten – in unbekanntes Gebiet. Wenn du gerade auf dem Weg zu deiner Berufung bist, frage dich ehrlich, ob du wirklich dazu bereit bist. Bist du bereit, den vollen Preis zu bezahlen und die volle Verantwortung zu übernehmen? Über den Preis habe ich bereits mehrfach gesprochen. Der Preis, den du bezahlst, sind all die lieb gewonnenen Geschichten und Ausreden, die du bisher dafür benutzt hast, nicht in Aktion treten zu müssen, nicht deiner Berufung zu folgen, nicht dein volles Potenzial zu leben. All die Hintertürchen, die du dir offengelassen hast, und all die Menschen und Situationen, die schuld daran sind, dass du bisher keinen anderen Weg gehen konntest. In unserer Kultur wird Verantwortung immer noch gleichgesetzt mit Mühsal und Schuld. Wer will da schon freiwillig die volle Verantwortung übernehmen?

Auch hier spielt wieder eine kraftraubende Geschichte eine Rolle, nämlich unsere kulturell geprägte Geschichte über Verantwortung. Dieses Narrativ sieht ungefähr so aus:

Verantwortung

Unsere gesellschaftlich konditionierte Geschichte

- bezieht sich auf die Vergangenheit – Verantwortung für das, was ich getan habe,
- die Schuld haben, schuldig sein, die Schuld auf mich nehmen,
- Verantwortung ist eine schwere Last; die Last der Verantwortung tragen,
- Ich habe den Schwarzen Peter; ich bin der Sündenbock; Ausreden zählen nicht,
- Es wird Konsequenzen haben; ich werde zur Verantwortung gezogen; ich muss den Kopf dafür hinhalten,
- Ich bin allein; ich bin einsam; als Verantwortlicher bin ich nicht Teil des Teams,
- Ich muss aufpassen; ich darf keine Fehler machen; ich muss professionell sein,
- Ich muss mich an die Regeln halten; ich bin gefangen; ich muss vernünftig sein und der Rolle entsprechen,
- Ich muss anderen Befehle geben; ich muss sie dazu bringen, dass sie mir folgen; ich muss Macht ausüben.

Kein Wunder, wenn wir Verantwortung lieber ablehnen und die Umstände oder die da oben für verantwortlich halten. Solange wir Verantwortung als etwas Negatives sehen, werden wir diese uns innewohnende Kraft nicht nutzen wollen und sie weggeben. Solange wir aus dem Opfersein Nutzen ziehen, werden wir die eigentliche Kraft, die in erwachsener und radikaler Verantwortung steckt, nicht zurückhaben wollen.

Das Geheimnis

Das Dumme ist, dass Berufung sich erst ab einem gewissen Grad von Verantwortung zeigt. Dass wir unser Ding erst machen können, wenn wir bereit sind, erwachsene Verantwortung für unser Leben zu übernehmen. Der Clou: Auch hier haben wir die Wahl – wir können selbst entscheiden, welche Haltung wir in Bezug auf Verantwortung einnehmen wollen, was Verantwortung für uns bedeutet. Du siehst: Es geht bei allem immer darum, welche Geschichte wir wählen – eine Geschichte, die Kraft verleiht, oder eine Geschichte, die dich zum Opfer werden lässt. Verantwortung könnte nämlich genauso gut Freiheit bedeuten statt Schuld. Wenn ich bereit bin, die Konsequenzen meines Handelns zu tragen, ohne Hintertürchen und ohne Ausnahme – ich weiß, das klingt im ersten Moment ziemlich beängstigend, aber es verleiht dir auch eine unheimliche Kraft. Eine Kraft, die seit deiner Pubertät darauf wartet, entfacht zu werden, um deinem erwachsenen Leben zu dienen. Statt Last und Bürde kann Verantwortung eben auch Kraft bedeuten und die Möglichkeit, zu kreieren, zu erschaffen, etwas zu bewirken und zu verändern. Hier ist eine Möglichkeit, wie du deine Perspektive auf Verantwortung verändern kannst, sodass es ungemein attraktiv wird, die volle Verantwortung für dein Leben zu übernehmen:

Erwachsene Verantwortung

Mögliche neue Betrachtungsweise

- Verantwortung bezieht sich auf die Gegenwart und auf die Zukunft,
- sie gibt mir die Freiheit der Wahl, die Möglichkeit zur Selbstbestimmung,
- ist Schöpferkraft; ich bin die Quelle; ich bin die Ursache; ich habe die Möglichkeit, etwas zu verändern oder zu kreieren,
- bringt mich in meine eigene Autorität; ich bestimme über mein Leben durch meine Entscheidungen,
- ich höre auf, Opfer zu sein und andere zu beschuldigen,
- Verantwortung lässt mich integer und authentisch sein und beendet Naivität und Selbstbetrug,
- lässt mich aufmerksam und bewusst kreieren; verleiht meinem Leben Sinn und eine Ausrichtung nach Werten und Prinzipien,
- gibt mir die Möglichkeit, aus Fehlern zu lernen und zu wachsen,
- wirksam und sichtbar werden; für die eigenen Werte einstehen und das eigene Ding machen.

Macht doch gleich viel mehr Lust auf Verantwortung, oder? Hier noch ein weiteres gut gehütetes Geheimnis. Verantwortung zu übernehmen heißt nicht, wissen zu müssen, wie es geht! »Wenn ich nur wüsste, was meine Berufung ist und wie ich sie umsetzen kann, dann könnte ich auch die Verantwortung dafür übernehmen.« Wie oft höre ich diesen Satz? Vergiss es! Die Entscheidung kommt zuerst. Wir können Verantwortung übernehmen und eine Entscheidung treffen, ohne zu wissen, wie es geht. Das ist eines der größten Geheimnisse in Bezug auf Berufung: sich zu verpflichten, bevor man weiß, wie es geht. Sich zur Verfügung zu stellen, ohne bereits einen ausgeklügelten Plan zu haben. Klingt ziemlich beängstigend – womit wir wieder bei den

Gefühlen wären. Erwachsen und verantwortlich zu sein heißt nicht, keine Angst mehr zu fühlen. Es heißt, Angst zu fühlen und dennoch in Aktion zu treten, weil es etwas Wichtigeres gibt als die Angst. Du hast bereits alles, was du brauchst, um zu beginnen, dein Ding zu machen. Das ist Berufung in Aktion.

So machst du dir den Weg frei!

Egal wo du gerade stehst, triffst du jetzt die Entscheidung, dich deiner Berufung zu verpflichten und die Verantwortung dafür zu übernehmen, dein Ding zu machen. Auch wenn du noch nicht weißt, was dein Ding ist oder wie du es umsetzen kannst. Du übernimmst radikale Verantwortung für dein Leben und bist dir bewusst, dass dies keinen Endzustand, sondern einen fortlaufenden Akt der Entscheidung und Schöpfung darstellt. Dir ist bewusst, dass alles was du tust und was du lässt, entsprechende Resultate erzeugt. Du machst die Umstände nicht mehr dafür verantwortlich, dass du deine Berufung nicht umsetzen kannst, sondern nutzt die Kraft, die durch deine Verpflichtung entsteht, um dir von Moment zu Moment verantwortlich diejenigen Umstände zu kreieren, die es dir ermöglichen, dein Ding zu machen.

Mind-Changer-Fragen

Welche Bedeutung von Verantwortung trägst du in dir?

Bist du bereit, Verantwortung für dein Leben zu übernehmen und dich mit allen Konsequenzen in den Dienst deiner Berufung zu stellen, auch wenn du dafür deine Komfortzone verlassen musst?

Welche inneren Stimmen halten dich noch davon ab?

Was, glaubst du, fehlt dir noch, damit du dich dir selbst und deiner Berufung verpflichten kannst?

Es ist dein Leben!

Was du daraus machst, ist deine Entscheidung!

Ich bin zwar Trainerin und Coach, aber ich bin keine Missionarin – zumindest nicht mehr. Ich gebe zu, zu Beginn meiner Trainerkarriere war ich ziemlich missionarisch unterwegs. Ich war der Überzeugung, dass jeder Mensch, genauso wie ich, doch den inneren Drang verspüren muss, seine Berufung zu finden und sein Ding zu machen. Mittlerweile sehe ich das ein bisschen anders. Man wird ja mit der Zeit aus Erfahrung klug.

Ich kann mich noch genau erinnern, als ich vor circa zehn Jahren meinen jetzigen Mann kennengelernt und ihm voller Begeisterung vorgeschlagen habe, ihn dabei zu unterstützen, seine Berufung zu finden. Wie gesagt, aus Erfahrung wird man klug und aus Fehlern lernt man. Das Thema ließ ihn völlig kalt. Er sagte nur: »Äh, wieso? Mein Job mag zwar nicht meiner größten Leidenschaft entsprechen, aber er ermöglicht es mir, zeitlich und finanziell in meiner Freizeit meine Leidenschaft auszuleben.« Dazu muss man wissen: Mein Mann spielt seit seiner Kindheit Badminton – also nicht Federball, sondern professionelles Badminton. Er hat als junger Mann in der deutschen Bundesliga gespielt und holt auch jetzt noch in seiner Altersklasse oft den deutschen Meistertitel. Mittlerweile trainiert er darüber hinaus die Jugend in seinem Verein. Er liebt diesen Sport und das Vereinsleben. Er liebt es, den jungen Menschen sein Wissen und seine Erfahrung zu vermitteln. Leider hat Badminton als Sportart in Deutschland noch kein so großes Publikum wie Fußball oder Tennis. Es gibt nur eine Handvoll Spieler, die in Deutschland wirklich davon leben können. Mein Mann hat sich daher bewusst für ein Lebenskonzept entschieden, das es ihm aus seiner Sicht ermöglicht, trotzdem sein Ding zu machen, wenn auch nicht hauptberuflich. Im Hauptberuf arbeitet er als Techniker in einem großen deutschen Konzern – mit geregelter Arbeitszeit, den üblichen Sozialleistungen und gutem Verdienst.

Für mich wäre das der blanke Horror – aber ich bin eben ich und er ist er. Jeder Mensch hat nun einmal andere Motive und Prinzipien, die ihn antreiben. Man könnte jetzt denken: »Ja, aber er geht ja beruflich einen Mainstreamweg, er ist ja voll im System, also kann er doch gar nicht seiner Berufung folgen und sein Ding machen.« Doch das stimmt so eben bei genauem Hinsehen nicht. Es geht darum, ob du den Mainstreamjob machst, weil du dich bewusst dafür entschieden hast und er für dich die im Moment passendste Ausdrucksform deiner Berufung ist, oder ob du den Mainstreamlob machst, weil du aufgrund deiner inneren Programmierungen und Geschichten keine andere Wahl zu haben meinst und unglücklich damit bist. Die Berufung meines Mannes ist weder Badmintonspieler noch Elektriker (sein erster Ausbildungsberuf) noch Techniker. Das sind nur seine bisher gewählten Ausdrucksformen seiner eigentlichen Berufung. Das Besondere, das er als Mensch zur Verfügung stellt – egal in welchem dieser Bereiche oder egal, wo er sich gerade befindet –, ist etwas Größeres, Allgemeingültigeres. Egal ob er Mikrosensoren herstellt oder Badmintonspieler trainiert – er transformiert und koordiniert dabei mit Feingefühl vorhandene Eigenschaften von Werkstoffen oder von Menschen, damit sie dann in ihrem Zusammenspiel optimal einem bestimmten Zweck dienen können. Man könnte ihn als eine Art Transformator, Optimierer oder als Wandler bezeichnen. Genau wie bei mir ist es der Unterschied zwischen der freischaffenden Trainerin (meine gewählte Ausdrucksform) und der evolutionären Krustensprengerin (das, was automatisch dort passiert, wo ich bin – meine Berufung).

Love it, change it or leave it

Um deine Berufung umzusetzen und dein Ding zu machen, musst du also nicht unbedingt dein komplettes Leben umkrempeln. Es kann zuweilen notwendig sein, aber manchmal sind es eben auch kleine Schritte oder Veränderungen, die schon vollkommen ausreichen. Wie bereits im Kapitel »Du verrennst dich in einer spirituellen Odyssee« ab Seite 159 beschrieben, kannst du einfach erst mal von der Perspektive ausgehen, dass deine Berufung bereits in dir aktiv ist und durch dich wirkt, einfach weil du da bist. Das nimmt schon einmal den ersten Druck raus. Vielleicht ist es dir noch nicht bewusst, was du eigentlich zur Verfügung stellst. Vielleicht bist du im falschen Umfeld beziehungsweise hast eine Ausdrucksform für deine Berufung gewählt, die für dich nicht oder nicht mehr stimmig ist und dich davon abhält, wirklich dein Ding zu machen. An diesem Punkt gibt es dann unterschiedliche Möglichkeiten: Es gibt kleine Veränderungen, mittlere Veränderungen und große Veränderungen, die du angehen könntest.

In meinen Berufungsworkshops leite ich die Teilnehmer durch unterschiedliche Übungen an, herauszufinden, was ihre Talente, Leidenschaften, Werte und ihr eigentlicher Beitrag für die Gemeinschaft sind, und lasse sie am Ende auch einen Namen dafür finden. In einem dieser Workshops nahm der Redaktionsleiter eines deutschen Fernsehsenders teil. Zugegeben, er hatte keinen großen Schmerz – ein bisschen Unzufriedenheit, ein wenig mangelnde Sinnhaftigkeit und vor allem aber die Neugierde, was denn seine Berufung sein könnte, waren seine Beweggründe für den Seminarbesuch. Am Ende fand er heraus, dass er in Wirklichkeit ein »Raumhalter für lebendiges Bewusstsein« ist und diese Berufung auch in seiner Rolle als Führungskraft ausübt. Diese neue Klarheit und neue Bewertung seiner Arbeit gaben ihm wieder genug Motivation für seinen Job. Er war am Ende des Workshops sichtlich gelöst und heiter gestimmt und meinte: »Ich habe gerade gemerkt, dass ich gar nicht so viel im Außen verändern muss. Ich werde ab Montag einfach ganz bewusst als Raumhalter für lebendiges Bewusstsein im Sender arbeiten, statt als Redaktionsleiter. Das ist ein komplett anderer Job und macht mir richtig Laune, weil er mir viel mehr entspricht.« So können kleine, aber wirksame Veränderungen aussehen. Vielleicht hast du schon einmal den Ausspruch von Henry Ford gehört: »Love it, change it or leave it.« Es geht dabei darum, was du tun kannst, wenn du unzufrieden bist mit bestimmten Dingen in deinem Leben. Übersetzt würde man sagen: »Freunde dich damit an, verändere es oder verlasse beziehungsweise beende es.« Das Beispiel mit dem Redaktionsleiter wäre ein typisches Exempel für die Option »Love it – Freunde dich damit an«, hier geschehen durch einen inneren Perspektivwechsel – quasi durch einen inneren Jobwechsel vom Redaktionsleiter zum Raumhalter für lebendiges Bewusstsein. So einfach kann es manchmal sein, zu seinem Ding zu finden und es zu machen.

Eine mittelgroße Veränderung oder die Option »Change it – Verändere es« könnte darin liegen, dass du deinen aktuellen Job veränderst, indem du vielleicht einige Aufgaben, die dir weniger entsprechen, gegen andere austauschen kannst, die mehr in Einklang mit deiner Berufung sind. Oder du schaffst dir in dem Unternehmen, in dem du gerade arbeitest, eine neue Position, indem du den entsprechenden Entscheidern eine Dienstleistung anbietest, die ihnen Nutzen bringt und dich dein Ding machen lässt. So wie ich es gemacht habe, als ich zu viel unterwegs war und mir daher den Job als Trainer-Ausbilderin kreiert habe. Eine mittelgroße Veränderung könnte auch darin bestehen, die Stunden in deinem jetzigen Job zu reduzieren, sodass du Zeit bekommst, dir nebenbei dein Ding aufzubauen, um dann langsam von der einen zur anderen Tätigkeit zu wechseln. Oder du erschaffst dir ein Lebensmodell, das es dir erlaubt, dein Ding in deiner Freizeit zu machen.

Aber manchmal bleibt eben nur die große Veränderung und die Option »Leave it – Verlasse es«, um deiner Berufung zu folgen und dein Ding zu machen. Das ist natürlich meist die größte Herausforderung, aber auch diese ist machbar, insbesondere, wenn du die Kraft, die in dir schlummert, endlich wachgerüttelt hast.

Das klingt nach viel Arbeit! Ja, wirklich erwachsen zu werden und radikale Verantwortung für das eigene Leben zu übernehmen, kostet ein bisschen Mühe und geht nicht von heute auf morgen. Es ist vor allem ein emotionaler Prozess, der, wenn er bewusst durchlaufen wird, einige Zeit in Anspruch nimmt. Die Ergebnisse sind allerdings völlig andere als bei einer rein rationalen Herangehensweise an das Thema Berufung. Die Erfahrungen, die ich bei mir selbst und bei meinen Teilnehmern machen durfte, die sich für diesen Weg entschieden haben, sind folgende: Je mehr die in diesem Buch genannten Hürden gemeistert werden und die Voraussetzungen für eine wirkliche Selbstentwicklung Stück für Stück geschaffen wurden, desto deutlicher zeigt sich die eigene Berufung – und das ganz automatisch, sozusagen als Nebeneffekt. Denn deine Berufung liegt in dir – der Ruf oder die Erkenntnis kommt nicht von außen, sondern von innen. Du brauchst nur die Voraussetzungen schaffen, um deine inneren Stimmen und Bedürfnisse wieder wahrnehmen zu können. Dann kannst du dich auch von dir selbst oder deinem wirklichen Selbst leiten lassen. Das macht dich zu einem wirklich authentisch denkenden und handelnden erwachsenen Menschen. Gleichzeitig erwachen damit auch die Kraft, der Mut und die Zuversicht, dein Ding dann auch wirklich in die Tat umzusetzen.

Dabei wünsche ich dir viel Erfolg!

Deine

Patrizia

Anhang

Literaturliste

Friederike von Aderkas (2021): Wutkraft: Energie gewinnen. Beziehungen beleben. Grenzen setzen. Beltz Verlag.

Annette Bauer (2017): Vielbegabt, Tausendsassa, Multitalent? Achtsame Selbstfürsorge für Scannerpersönlichkeiten. Junfermann Verlag..

Eric Berne (2002): Spiele der Erwachsenen: Psychologie der menschlichen Beziehungen. Rowolt Taschenbuch.

Petra Bock (2007): Die Kunst, seine Berufung zu finden. FISCHER Taschenbuch Verlag.

Brené Brown (2017): Verletzlichkeit macht stark: Wie wir unsere Schutzmechanismen aufgeben und innerlich reich werden. Goldmann Verlag.

Marcus Buckingham und Donald O. Clifton (2016): Entdecken Sie Ihre Stärken jetzt!: Das Gallup-Prinzip für individuelle Entwicklung und erfolgreiche Führung. Campus Verlag.

Clinton Callahan (2007): Abenteuer Denken – 52 Abenteuerreisen zu größeren Möglichkeiten. Nextculture Press Verlag.

Clinton Callahan (2016): Die Kraft des bewussten Fühlens: Ein Handbuch, um näher an Ihrer eigenen Wahrheit zu leben. Nextculture Press Verlag.

Rick Carson (2003): Taming your Gremlin – A surprisingly simple method for getting out of your own way. HarperCollins Paperbacks.

Rick Carson (2009): A Master Class in Gremlin-Taming: The Absolutely Indispensable Next Step for Freeing Yourself from the Monster of the Mind. HarperCollins Paperbacks.

Gerd Gigerenzer (2008): Bauchentscheidungen: Die Intelligenz des Unbewussten und die Macht der Intuition. Goldmann Verlag.

Uta Glaubitz (2014): Der Job, der zu mir passt – Das eigene Berufsziel entdecken und erreichen. Campus Verlag.

E. J. Gold (2007): The Human Biological Machine as a Transformational Apparatus: Talks on Transformational Psychology. Gateways Books & Tapes.

Angelika Gulder (2013): Finde den Job, der dich glücklich macht – Von der Berufung zum Beruf. Campus Verlag.

Hans Hansen (2020): Narrative Change: How Changing the Story Can Transform Society, Business, and Ourselves. Columbia Business School Publishing.

Lisa Krelhaus (2006): Wer bin ich – wer will ich sein?: Ein Arbeitsbuch Zur Selbstanalyse und Zukunftsgestaltung. mvg Verlag.

Nicholas Lore (2012): How to choose or change your career for a lifetime of satisfaction and success. Touchstone Verlag.

Andrew Matthews (2008): Tu, was dir am Herzen liegt. VAK Verlags GmbH.

Matthew McKay et al (2000): Selbstwert – die beste Investition Ihres Lebens: Schritt für Schritt zu mehr Lebensqualität. Ein Trainingsbuch: Ein Trainingsbuch. Junfermann Verlag.

Patrizia Patz (2019): Gefühle – Emotional gesund in einer rationalen Welt. BusinessVillage Verlag GmbH.

Patrizia Patz und Neumann-Mangoldt, Nicola (2015): EDGEWORKER. Leadership war gestern – Es ist Zeit für die Führungs(R)Evolution! Nextculture Press Verlag.

Evelin L. Rosenfeld (2004): Was dir wirklich wichtig ist – Das Arbeitsbuch zum Personal Empowerment. Junfermann Verlag.

Barbara Sher (2011): Ich könnte alles tun, wenn ich nur wüsste, was ich will. dtv.

Bronnie Ware (2013): 5 Dinge, die Sterbende am meisten bereuen: Einsichten, die Ihr Leben verändern werden. Arkana.

Martin Weiss (2004). Quest – Die Sehnsucht nach dem Wesentlichen. Junfermann Verlag.

Abbildungsverzeichnis

Seite 11: Autorenfoto von Picturepeople, www.picturepeople.de

Seite 32: Sonnensystem von Miceking, https://stock.adobe.com/de

Seite 43: Flache Erde von dulya, https://stock.adobe.com/de

Seite 44: Erde als Kugel von MicroOne, https://stock.adobe.com/de

Seiten 35, 54, 72, 86, 95, 119, 133, 157, 166, 186, 200, 211, 225 und 241: Glühlampe von gvozdenivan, https://pixabay.com/de

Seiten 39, 55, 72, 87, 96, 120, 134, 158, 170, 186, 201, 213, 228 und 243: Tür von OpenClipart-Vectors, https://pixabay.com/de

Wahre Weiblichkeit

Ines Eulzer
Wahre Weiblichkeit
Warum wir Frauen das Potenzial haben, die Welt zu retten
1. Auflage 2021

222 Seiten; Broschur; 17,95 Euro
ISBN 978-3-86980-582-5; Art.-Nr.: 1095

Was geschah mit der weiblichen Kraft? Was geschah mit unserer tiefen Verbindung zur Natur und zu allem Geistigen? Mit unserer Fähigkeit, Menschen miteinander zu verbinden und das Beste in ihnen zu erwecken? Wir haben die Quelle unserer Kraft versiegen lassen und sind abgetrennt von unserer inneren Weisheit. Wir sind den Stürmen im Außen ausgeliefert, fühlen uns orientierungslos und erschöpft.

Es ist an der Zeit, dass wir Frauen wieder in unsere weibliche Kraft kommen, dass wir unsere Macht annehmen und unseren wahren Auftrag erfüllen. Entdecke, wie auch du das Feuer deiner weiblichen Kräfte entfachen und dich mit deinen geistigen Helfern verbinden kannst. Erkenne, wie auch du in dein volles Potenzial kommen, deine Berufung finden und die Macht des Universums für dich nutzen kannst. Trau dich ein Leben voller Freude, Fülle und Leichtigkeit zu leben. Ich lade dich ein auf eine Reise hin zu deiner wahren Größe, hin zu deiner Bestimmung als Frau und dazu, deinen Beitrag für den Wandel zu erfüllen.

Es ist an der Zeit, dass wir Frauen in unserer vollen Größe voranschreiten. Bist du dabei?

www.BusinessVillage.de